日本人と動物

日本人と動物

斎藤正二著

八坂書房

日本人と動物

目次

プロローグ

日本の植物が、水平分布のうえから亜熱帯（九州・四国の南部および紀伊半島の南端）、暖帯（近畿以西の本州西南部・九州・四国の大部分）、温帯（本州中部・関東・東北地方および北海道の西南部）、亜寒帯（北海道の東北部）の四つの植物区に大別されるように、日本の動物分布は、北帯（シベリア亜区＝北海道）、中帯（旧北区＝本州・四国・九州）、南帯（東洋区＝奄美大島・沖縄）の三帯に分けられる。日本の主な動物は、円口類九種、魚類二〇〇〇〜四〇〇〇種、両棲類四一種、爬虫《はちゅう》類四七種、鳥類四二四種、哺乳類一二五種、昆虫三万種以上が数えられているので、まず種類豊富だといってよい。

たしかに、種類豊富とよんで差し支えないのだけれど、それは謂わば変種（特化＝分化された生物群）が豊富であるということで、謂わば基本種（母体をなす生物群）だけの数からみると必ずしも豊富とはいえないのである。中野尊正・小林国夫『日本の自然』の記述をそのまま踏襲していえば、「日本の島々が大陸からつぎつぎと孤立してゆく過程で、もともと陸地つづきであった大陸の生物群を母体とした移住者たちは、地理的隔離のために、変った気候その他の条件下におかれ、あるものは亡び、あるものは適応し、漸次、特殊化していった。日本の生物群には、このような特殊化をしめす特産種がじつに多い。この点で日本の生物群には大陸との共通種をもちながら、特殊化による亜種、あるいは分化のいちじるしい別種があることが特徴になってくる。他面において、日本の生物群はすこぶる豊富であるといわれるが、その母体をなす生物群からみるとあきらかに貧弱化していることを指摘できるともいわれる。／動物地理学の立場でみると、北半球ユーラシア大陸の動物群は、全北区、東洋区またはインド区にわけられ、全北区は旧北亜区だけで代表されている。ヒマラヤ山脈から北方の全域が、この旧北亜区にあたる一方、東洋区はヒマラヤ山脈から南方のインド、東南アジアをふくむ熱帯、亜熱帯地域にあたる。旧北亜区との境界は、ヒマラヤ山脈のところだけがシャープにあらわれ、その地域のとくに東部では両区のものがいりまじっている。ところが、旧北亜区はシベリア地方（北方系あるいは寒帯系）と満州地方（中帯あるいは温帯）とにわかれている。／今日の日本の動物相は、この三つの系統すなわち⑴旧北亜区シベリア地方区（寒帯系）、⑵旧北亜区―満州地区（温帯系）と⑶東洋区（暖帯系）のものからなりたっている。北方系すなわち寒系のものは主として樺太を経由し、一部は寒冷期には朝鮮附近を経由してきたであろう。」「満州地方のもの、すなわち温帯系のものは、朝鮮附近を経由したもので、一部の寒帯系のものもおなじ道すじを経由したと考えられている。東洋系すなわち暖系のものは、奄美《あまみ》大島と屋久島、種子ヵ島のあいだに今日ひかれている渡瀬線によって、その北限がほぼきまっている。一部のものはハマオモト線あるいは太平洋岸の黒潮の影響で温暖な海岸地域に侵入している。この系統の陸棲動物は、温暖期に朝鮮附近を経由して入ってきたものである。」（Ⅶ生物群の特色、２生物区系と海峡の成立）。わたくしたちは、現在あるがままの日本の動物相の系統や分布を知り、日本の動物区系の特質を、まず知らねばならない。サル一匹を愛護するにも、たとえばマカカ属のサル（ニボンザル japanese monkey／㊫ *Macaca fuscata.* は哺乳綱霊長目オナガザル科の日本特産種。北は青森県下北半島から南は屋久島まで分布しているが、屋久島のものは亜種 *M. F. yakui* として他の区域のものと区別される。マカカ属に属する近縁のものにアカゲザル、タイワンザル、カニクイザルなどがある）が青森県に棲息するに至った長い長い「生物の歴史」を知って、そのサルが第二間氷期以前から生きのびてきた避寒の足跡を尊重せねばならない。その歴史や足跡は、同時に、人類の歴史や足跡に敬意を払うよすがともなるはずである。

　ともかく、日本の動物たちの種類が豊富であることに間違いはない。ところが、その豊富なる動物の社会も、いまや、極めて人間本位につくりあげられた状況のもとに、確実に新旧勢力の交代期にさしかかっており、ここ一〇〇年の間にキツネ、タヌキ、シカ、カワウソ、コウノトリ、トキ、キタタキ、シラコバト、キジ、ヤマドリが急激に減少しつつあり、代わって、チョウセンイタチ、マスクラット、エビガニ、アフリカオオカタツムリ、アメリカシロヒトリ、イエダニなどが大繁殖しているありさまである。この勢いでゆくと、やがて日本の動物分布は大きく変えられるだろうと予想される。もちろん、同様な懸念は植物相に関しても当て嵌まるはずである。

あらためて、わたくしたちは日本の美しい自然を護らなければならないし、虫一匹に対しても愛情を注がねばならない。しかし、より根本的《ラディカル》には、また、より現実的《アクチュアル》には、現代科学技術それ自身が野生の動物を衰運に追い込んでいるという生物環境破壊の惨状にこそ、鋭敏かつ冷静な眼を向けなければならない。

すでに、今から数十年も前、一九六二年の時点で、アメリカの女流生物学者、カーソン女史の『沈黙の春』Carson, Rachel Louis: *Silent spring*, 1962. は、海の生成とそこにおける生物の諸相を深く研究したのち、第二次世界大戦前後から大量に使用され、ためにＤＤＴなど化学薬品が自然の生態界を破壊し人類生活の基礎を掘り崩している実態を明らかにし、つぎのように警告していた。「この地上に生命が誕生して以来、生命と環境という二つのものが、たがいに力を及ぼしあいながら、生命の歴史をおりなしてきた。といっても、たいてい環境のほうが、植物、動物の形態や習性をつくりあげてきた。地球が誕生してから過ぎ去った時の流れを見渡しても、生物が環境をかえるという逆の力は、ごく小さなものにすぎない。だが、二十世紀というわずかのあいだに、人間という一族が、おそるべき力を手に入れて、自然をかえようとしている。」「いまや人間は実験室のなかで数々の合成物を作り出す。自然とは縁もゆかりもない、人工的な合成物に、生命が適合しなければならないとは！」「核戦争が起れば、人類は破滅の憂目にあうだろう。だが、いますでに私たちのまわりは、信じられないくらいのおそろしい物質で汚染している。化学薬品撒布もまた、核兵器とならぶ問題といわなければならない。植物、動物の組織のなかに、有害な物質が蓄積されてゆき、やがては生殖細胞をつきやぶって、遺伝子そのものを破壊し、変化させる。どうなることか、いまに形の違うものが生れでてくるのではないか。」（訳文は青樹簗一訳『生と死の妙薬』に拠る）。

われわれ地上の生物が生きていかれるのは、何億年という長い時間をかけて、発展、進化、分化の長いプロセスをとおり、生命と環境とのバランスをたもつことに成功したからである。生命は環境に適合し、やっとこさ生命と環境とのバランスができたというのに、現代科学技術が、このバランスを破ってしまった。これは、しかし、科学が悪いのではない。科学を使う人間が悪いのである。人間を正しいありかたに戻すためには、マルクス主義が有効かキリスト教が有効かという議論に執する以前に、たった今、われわれが追い込まれている生物学的環境を直視することこそ必要不可欠である。生態学的研究を推し進める生物学者たちは、動物の〈すみわけ〉に注目し、人類が他の動物（有機物いっさいを含めて）との〈共存関係〉をつくりだすことの必要を説いている。他の生物学者たち、特に動物学者たちは、野生動物が住みにくくなっている地帯では、人類そのものの生育も不活発にならざるを得ないのだと力説している。そうだとすると、わたくしたちは、過去の人類、過去の日本人に較べて必ずしも文化創造の好条件下に置かれているとはいいがたい。このことはあまりにも明白である。げんに、現代日本人は、だれしもが、空前の悪条件＝悪環境のもとにさらされている自己を見いだしている。政治経済レヴェルでの解決が絶望的であるとすれば、われわれは、いやでも、個人レヴェルでの解決を迫られている。といって、われわれ無力の民衆には、解決の妙案ひとつ持たされてはいない。さしあたり、過去の日本人がどのように動物との関わりを維持してきたかを、問題意識のなかに取り込んで、追究してみるぐらいのことしか出来ない。しかも、そこからは、必ず何かが生まれてくるはずである。明治近代以前の日本人の抱いた動物観を、ここでもう一度振り返ってみる必要があるゆえんである。

ただし、近代以前の日本人の抱懐し且つ伝承してきた動物観をばもう一度振り返ってみる必要がある、と言っても、世人が屢々おこなっているごとき、〝昔の人は偉かった〞式の、また〝日本伝統文化に学びさえすれば現代社会の難問題はすべて立ちどころに解決される〟式の、安易な回顧趣味や保守主義文化観を踏襲すべきではない。政治上の保守主義者は最初から算盤《そろばん》勘定で其方《そっち》のほうが得《とく》や儲《もう》けになるという見込みを立てたうえで然《しか》く党派活動を選択しているのであり、多くの場合、伝統とか「古き良きもの」とかの文化価値は、却《かえ》って、刺激的なる（また、その限りにおいて極めて個性的かつ反普遍的なる）同時代的要求を満たすべき新流行《ニュー・ファッション》指向と同一内容を構成するものでしかない。それは、少なくとも、なんらかの本質論をめざすものではない。本質を追求し探究する仕事は、唯只、当たり前の科学思考のみが引き受けるはずだから。

以下、能うかぎり科学的＝客観主義的視座に立ち、文化史的記述を進めてみようと思う。

馬（その一）　*(Equus caballus)*

ウマは哺乳綱《ほにゅうこう》 Mammalia、奇蹄目《きていもく》 Perissodactyla、ウマ科 Equus caballus の動物である、という概念規定をしてしまっては、あまりに味気《あじけ》ない。というのは、これだけ聡明で、これだけ美しい、これだけ人類と密接なつながりをもつ動物に対して、いまさら、外的権威を藉《か》りて何等かの概念規定を押し付けようとするほうが無理だからである。人間は、自分では、哺乳類ちゅうの傑作であり、万物の霊長たる存在のつもりでいるけれど、スウィフトの『ガリヴァー旅行記』第四部にあたる「フーイヌムの国渡航記」を読むと、ウマのほうが人間より数等秀れた動物であることを、いやというほど反省させられる。もしも、ヒトの進化の速度に較べてウマの進化のほうが遥かに超スピードであり構造的にも立ち優《まさ》っていたとしたならば、現在あるがままの人間（人類）といえども、もうすこしちゃんとしていたのではないかと、そんなことをさえ考えさせられる。わたくしたち人間は、自分で己惚《うぬぼ》れているほどには、優秀な動物ではない。むしろ、正しくは、地球上の生物生命（動物・植物ことごとくを含めて）にありったけの災害を浴びせかけている、困りものの動物だったのではないか。長いあいだ、こんな簡単なことにも気付かなかったくらい、どうしようもない兇悪非道の動物にすぎなかったのではないか。地球上の森林を丸坊主にし緑地を砂漠化させ、海水に有毒物質を流し、空気を汚《よご》し放題に汚し、地球上の生命有機体みんなに迷惑をかけどおしにしてきた。いまこそ、その罪のお詫びをしなければならない。いや、お詫びするだけでなく、償《つぐな》いを果たさなければならない時が来ている。

　もしもウマの進化のほうが立ち優っていたならば、と書いたが、ウマの進化は、現在知られているがままのウマの進化過程だけでも、既に十分に興味深い。イギリスの始新世に出現する「ヒュラコテリウム」はウサギぐらいの大きさで、四四個の歯をもち、前肢《ぜんし》に四趾、後肢に三趾をもつ。この小動物は、学者によって、ウマ科の最下等と見るひともあるが、まったく別の独立の科に入れる扱いをするひともある。しかし、北アメリカの始新世に産する「エオヒップス」、パリの始新世から出現する「パキュノロクス」をもって、ウマの祖先と見なすのが普通である。もうすこし進化すると、北アメリカの漸新世《ぜんしんせい》から出る「メソヒップス」、同じく北アメリカの中新世産《ちゅうしんせいさん》の「ミオヒップス」および「メリヒップス」になる。「メリヒップス」は〝原馬《げんば》〟で、前肢・後肢ともに三趾をもち、第五趾は痕跡もない。つぎに、北アメリカの鮮新世《せんしんせい》に出現する「プリオヒップス」は、現代のウマと同じに各肢に一趾をもち、第二趾と第四趾とが退縮している。このように、ウマの原形的属種の大半は、化石として、アメリカに発見されているが、氷河時代に絶滅した。したがって、有史後は、アメリカに野生の馬がいないということになる。何千万年という長い間に進化しながら、アメリカから、当時陸つづきであったアジア大陸に渡り、そしてヨーロッパへ、アフリカへとひろがっていったものが、現在のウマの原種である野生ウマやロバやシマウマの祖先となったと考えられる。「エクス・カバルス」はヨーロッパ、アジアの原産で、この進化段階の以後、いよいよ、われわれにとって最も親しい家畜であるところの、ウマの歴史が始まる。今日の家畜のウマの祖先である野生ウマは、㈠蒙古草原ウマ、㈡イラン山岳ウマ、㈢タルパン、㈣ヨーロッパ森林ウマ、㈤北ヨーロッパ山岳ウマ、この五つに分けられるが、現在も残っているのは蒙古草原ウマただ一つで、これが現在のモウコウマの祖先である。ウマは、古くから乗用・運搬・農業・軍事・スポーツなどに使われてきたが、乗用品種の代表は、アラブ、アングロアラブ、サラブレッド、トロッターなどである。現在、競馬や乗馬スポーツなどで活躍している品種は近代ヨーロッパでつくりだされたものである。

　斯くのごとくして、ユーラシア大陸に広く分布したエクウスは、アジア各地ヨーロッパ各地の気候条件や地理学環境に適応しながら、極めて多数の種に分化していった、という歴史プロセスを、いまや疑う論者は無いであろう。そのことは、ユーラシア各地の言語起源《エティモロジー》に徴《ちょう》して明瞭である。南方熊楠が大正デモクラシー期に書いた名著『十二支考』所載の「馬に関する民俗と伝説」のなかの「名称」なる節《セクション》にきけ。「馬、梵名アス、ヌアスワ、またヒヤ、ペルシア名アスプ、スウェーデンでハスト、露国でロシャド、ポーランドでコン、トルコでスック、ヘブリウでスス、アラブでヒサーン、スペインでカバヨ、イタリアとポルトガルでカヴァヨ、ビルマでソン、インドでゴラ（ヒンズ語）、グラム（テルグ語）、クドリ（タミル語）、オランダでパールト、ウェールスでセクル、かく種々の名は定めて種々の訳で付けられ、中には馬の鳴き声、足音を擬《まね》て名としたのもあるべきがちょっと分からぬ。支那で馬と書くは象形字と知れ切って居るが、その音は嘶々《せいせい》を擬《まね》たものと解くほかなかろう。『下学集』に胡馬《うま》の二字でウマなるを、日本で馬一字を胡馬《うま》というは無理に似たり、〈馬多く北胡に出《い》づ、故に胡馬というなり〉と説いたが、物茂卿が、梅《めい》をウメ馬《ま》をウマというは物音なりというた方が至当で、ウは発音の便宜上加えられたんだろ。／故マクス・ミュラー説に、鸚鵡《おうむ》すら見るに随って雄鶏または雌鶏の声を擬し、自ら見るところの何物たるを人に報《しら》す。それと等しく蛮民は妙に動物の鳴声を擬《まね》る故、馬の嘶声を擬れば馬を名ざすに事足りたはずだが、それはほんの物真似で言語というに足らぬ。われわれアリヤ種の言語はそんな下等なものでなく、馬を名ざすにもその声を擬《まね》ず。アリヤ種の祖先が馬を名ざすに、そのもっとも著しい性質としてその足の疾き事を採用した。梵語アース（迅速）、ギリシア語のアコケー（尖頂《けんさき》）、ラテンのアクス（鍼《はり》）、アケル（迅速または鋭利また明察）、英語アキュート（鋭利）等から煎《せん》じ詰めて、これら諸語種の根源だったアリヤ語に鋭利また迅速を意味するアスてふ詞《ことば》あったと知る。」――南方熊楠は、英国人ないし独逸人がアリアン文化第一主義の立場から尤《もっと》もらしき説明をおこなっている実例を列挙したあと、「学説の転変猫の眼も呆《あき》れるべく、アリヤ種の馬の名が、一番高尚とかいう説も、礼物の高い御札で、手軽く受けられぬ。／精《くわ》しい古語彙が眼前にないから確言は出来ぬが、独語にプファールデン（嘶《いなな》く）てふ《（ママ）》動詞があったと憶《おも》う。果してしからばミュラーがアリヤ種で一番偉いように言った独語のプファールト、蘭語のパールト、いずれも支那の馬《マー》また恐らくアラブのヒサーン同様、嘶声を採って馬の名としたのではなかろうか。」（漢字表記、仮名遣いは岩波文庫本に拠る）と反論せずにはいない。結局、ヨーロッパ人碩学が主張する〝ウマの語源〟説も案外に根拠薄弱であること、ひいては、ウマに関する諸学説についても絶対確実と言い得るものは極めて少ないこと、まずは〝民俗と伝説〟の水準《レヴェル》から勉強（＝探究作業）のやり直し（＝再構成）を試みるべきであること、――これが南方熊楠の〝学問のすゝめ〟であった。ウマの幾つかの種類を探究するに当たっても、われわれはつねに独断と偏見とを斥《しりぞ》ける必要があるし、また、謂うところの〝民俗と伝説〟に関しても能《あた》う限《かぎ》り客観的・科学的姿勢を以て接する必要がある。

さて、日本ウマの品種については、一応、定説というものが出来上がっているので、鵜呑みにしないように注意しながら、それの平均値的記述を知っておくことにしよう。まず、『万有百科大辞典・20動物』所載の必要記事に眼を通しておくのがよいであろう。「［在来種およびポニー］在来種とは各国あるいは各地方土産《どさん》のもので、外国種あるいは他地区のウマの交雑がなされていないものをいう。しかし、現在ではいずれも多少の混血をしている。ポニーとは、体高一四〇㎝以下の矮馬《わいば》をいうが、大部分の在来種はポニーである。わが国に輸入されたものには、有名なイギリスのシェトランドポニー種 **Shetland pony** があり、体高一二五㎝内外、遊園地などで子ども相手の愛玩《あいがん》用にされている。蒙古馬《もうこうま》 **Mongolian** もこれに属するが、プシバルスキーウマ直系のものではなく、高原馬系の他の東洋種が混入している。現在ではポニーである狭義の蒙古馬および四川馬のほか、中形のハイラルウマ、サンページウマ、伊梨《いり》馬などに区分することができる。これらは広大な中国のそれぞれの地域でその風土に適応して成立したもので、そのままで、あるいはロバとの交雑によるラバとして利用されている。ソ連中央アジアからシベリアにおいても、同様に地域独特の在来種キルギスウマ、ドンウマなどがある。／わが国でも有史以来、家畜馬が存在していたが、日本には特有の品種はなく、ヨーロッパ系の外来品種を主とし、わずかに局地的にアジア産ポニーの雑種であるいわゆる在来種を残しているのみといえる。これらの在来馬にも、明治以降、多かれ少なかれ外来種の血を混じているが、吐噶喇《とから》馬、北海道和種（道産子《どさんこ》）、御崎《みさき》馬、木曾《きそ》馬などがある。なお、三春馬、南部馬などの名は歴史上のもので、それぞれ産地名を表わし、もちろんその風土特性を有していたであろうが、品種というにはあたらない。」――以上の記述は地球規模の視点から日本列島を眺め直したものであるから、概ね公平妥当な見方といえるが、しかし、日本種（＝純和種《じゅんわしゅ》）の存在を主張しようとする論者も無いではない。『玉川百科大辞典・9動物』には「北方から青森、岩手県の〈南部駒《なんぶごま》〉は体は大きく力強く、宮城、福島、山形県の〈仙台駒《せんだいごま》〉〈最上駒《もがみごま》〉は南部駒より小さく乗用に適し、〈木曾駒《きそごま》〉は肩甲高《けんこうこう》1,300mmで山地の労役用と肥料生産のために飼われる。〈対馬駒《つしまごま》〉は対馬にいてきわめて小さく、肩甲高1,210mmを出るのは少なく、ふつう1,090mmで力強く、山地の急坂や岩石部を容易に登る。〈鹿児島駒《かごしまごま》〉も小形で乗用とされ、宮崎県の天然記念物の〈岬馬《みさきうま》〉も純和種に近いもので、純和種は年々減少する。以上のような日本ウマは〈蒙古小馬《もうここうま》〉や〈朝鮮駒《ちょうせんごま》〉とおなじく、その祖先は〈モウコノウマ ***Equus* (C.) *Przewalskii***〉であるらしい。」と見えている。これによって、日本ウマと呼ばれるものの概観が得られた。謂うところの「純和種」の祖先が「モウコノウマ」であるらしい。

そこで、問題になるのは、日本列島にほんとうに野生馬がいたかどうか、という点である。日本列島でも、第三紀の化石馬（三趾馬《ヒッパリオン》の化石骨）が岐阜・長野において、第四紀（洪積世）の驢や半驢の骨が宮城・秋田において、それぞれ発見されているので、一応、野生馬が棲息していたものと認めるべきであろう。しかし、洪積世末から沖積世のはじまりにかけての時代（約一万年前）には、日本列島は完全に大陸から分離するプロセスにあり、海ぎわの低地は水びたしのままであった一方、海水に漬《つ》からない高地は深い森に覆われていたために、野生馬は生存を続けることができなくなったと考えられる。こうして、洪積世にはほぼ確実に日本に野生していたウマは、沖積世に入ってから、死滅するか、あるいは大陸へ移動するか、ともかく全く姿を消してしまったのである。ところが、縄文期中期ごろの遺跡や貝塚からは、ふたたび、馬の歯や骨が出土するようになる。すると、新たなる問題点として、縄文中期以降の貝塚から発見された馬の骨は、洪積世末期の生き残りの野生馬が家畜化されたことを示すのか、それとも、大陸から移入されたことを示すのか、そのいずれであるかを決めねばならなくなる。

この問いに関しては、加茂儀一『家畜文化史』が極めてグローバルな視点からの課題把握を示してくれている。


家馬がわが国における原始的獲得であることを明らかにするためには、日本の洪積世はもちろん沖積世の初めにおいても、野生馬がかなり多数生息していた事実が証明されなくてはならない。しかしわが国においてはその事実はない。さらにそのためには、大陸の北方諸国におけるような馬との関連をもつ古い神話や伝説が存在しているはずであるが、それもほとんどない。なるほど『日本書紀』巻第一は、月夜見尊、すなわち、素戔嗚尊が蒼海原《あおうなばら》を支配するにあたり、保食神《うけもちのかみ》が口から食物を出して尊を饗応したので、尊は怒って保食神を殺したところ、神の頂《いただき》から牛、馬が生じたことを記している。これは北欧神話において、オーディン一族がイミルを殺したとき、イミルの体の各部分から天地が創造されたということと似ている。しかしわが国の神話においては、ゲルマン神話や、インド・アリアン人にリグ・ヴェーダ讃歌やスキタイの風習におけるように、馬を神格化したものがなく、ましてやヨーロッパの青銅器時代にあったような、太陽崇拝を象徴する円盤と車と馬との三者複合の信仰的象徴も、そのような祭祀具も存在していない。また『古語拾遺』によると、百姓が御歳《みとしの》神《かみ》に白猪、白鶏とともに白馬の肉を供えて祭っている。それは馬の犠牲の風習を暗示している。『播磨風土記』餝磨《しかま》郡の条には、長日子《ながひこ》が死なんとするとき、自分の馬の墓をつくって彼の死とともにこの馬を葬らせたことが見えている。また孝徳紀大化二年には、馬の殉死を禁じる詔勅がでている。これによって馬の犠牲の風習があったことがわかる。しかしこの風習は、むしろ漢土や朝鮮からの渡来のものであって、『播磨風土記』を見ても、韓室《からむろ》、新羅訓《しんらくに》、漢部《あやべ》などの名が多い。そして縄文文化や弥生文化の時代のわが国においては、古代ゲルマン人や、スキタイ人におけるような馬の風習が一般的であったことの痕跡は見出されない。そのうえに、もし洪積世末から日本に野生馬が存在し、それを家畜化していたとすれば、おそらくその野生馬は当時の人間によって狩猟の対象としてうち殺され、その肉や骨髄が食用にされていたであろう。しかしわが国における最も古い縄文文化の貝塚からは、大陸における洪積世後期の遺跡から見出されるような馬の骨をうちくだいてそのなかの髄を食っていた痕跡は発見されない。このことは馬が他から移入されたことを示している。

——このように比較研究の眼を研《と》ぎ澄《す》ましてみると、日本のウマは、たしかに洪積世の時代にいちど野生種として存在しはしたけれど、洪積世に入ってぷつっと断《き》れ、そして、縄文中期（前期末とも言い得る）になって、こんどは家馬（すなわち、飼育馬である）として再登場した、という軌跡をたどる事実が、はっきりしてくる。酒詰仲男『日本縄文石器時代食物総覧』、直良信夫『日本および東アジア発見の馬歯』などの画期的新研究は、縄文時代に大形・中形・小形の三種の家馬が存在したことを、馬歯および馬骨をもとに証明してみせている。これによって、第一に、非常に早い時期に大形の家馬が北方から移入され、それが小形の馬と交配されて中形の馬が出現したろうという想定が成り立ち、第二に、最初に小形の家馬が移入され、蕃殖や飼育が進んだ結果として、中形や大形の馬も生まれるようになったろうという想定が成り立つが、いずれにしても、馬と人間との関係は、縄文文化から弥生文化にかけて急速に深められたことは確実である。そのウマが、権力者のシンボルにとどまっていたか、農耕用の労役獣として用いられたか、駄獣あるいは乗用獣として使われていたか、そこの用途についてまでは詳細にはわかっていない。縄文文化このかた存在していた土偶にも、馬の形姿やイメージは殆ど全く表現されていないのである。

序《つい》でに、ユーラシア大陸がわから日本列島の同時代事情を地誌学的にスケッチした『魏志倭人伝』(晋の陳寿撰『三国志』〔紀元三〇〇年ごろ成立〕のなかの「魏書」巻三十東夷伝・倭人の条)所載記事に眼を遣《や》っておこう。「其の国俗淫ならず。男子は皆露紒《かい》し、木緜《めん》を以って頭に招《か》け、其の衣は横幅、但ゝ結束して相連ね、略ゝ縫ふこと無し。婦人は被髪屈紒《かい》し、衣を作ること単被の如く、其の中央を穿ち、頭を貫き之を衣る。禾稲・紵《ちょ》麻を種《う》え、蚕桑緝績し、細紵・縑緜を出だす。其の地には牛・馬・虎・豹・鵲《じゃく(さく)》無し。兵には矛・楯・木弓を用う。木弓は下を短く上を長くし、竹箭は或は鉄鏃《ぞく》、或は骨鏃なり、有無する所、儋耳《たんじ》・朱崖と同じ。」(訓《よ》み下《くだ》し表記は岩波文庫〈和田清・石原道博編訳〉に拠る)とあり、三世紀四世紀の日本列島には馬も牛も存在しないと考えられていたのであった。

馬がはっきり自己の存在を明らかにし、またはっきり存在の痕跡を示すようになるには、古墳時代(四世紀から七世紀中ごろまで)を待たなければならない。じじつ、古墳時代、特にその後半期になると、圧倒的ないきおいで、それこそ〝馬中心の文化〟が現出するのである。後期古墳文化の遺跡内外からの出土品に、埴輪馬とか、馬具とか、馬をかたどった像とか、馬をモティーフにした壁画や装飾品などが多く見られる(むしろ、馬そのものの歯とか骨とかは少なくなる）。このうち、特に埴輪の馬について見ると、これらは群馬・茨城・埼玉の三県に集中的に多く出土するが、たいていは、古墳の周囲の封土のうえに立てられており、しかも、きまって鞍・輪鐙・轡などをつけた完全馬装をしているところをみると、裸馬なんぞのようにただ観賞用として眺められたり、宗教祭祀用として崇《あが》められたりしたものではなかったと考えられる。もはや馬と人間の社会生活とは離れがたく結びついていた、別言すれば、馬は実用性を帯びていた、としか考えられないのである。

しからば、馬に関するこの急激なる変化はなぜ起こったのか。弥生文化の継続ともいい得る古墳時代の農耕文化が自律的発展の法則を踏んで、この結果を生じた、と見るべきなのか。それとも、なんらかの外部的原因が働いてこの結果を生じた、と見るべきなのか。

ここに脚光《フット・ライト》を浴びて登場するのが、江上波夫の〝騎馬民族説〟である。この〝騎馬民族説〟は、江上自身に言わせると、古墳時代の研究が明治時代以来ばらばらにおこなってきた三つの方面、すなわち、「一は、記紀の神話・伝承を中心とした広義の民族学的・歴史学的研究、二は、古墳およびその出土品を中心とした考古学的研究、三は、中国史に見えるこの時代の東アジアの形勢、とくに日本・朝鮮の情勢を中心とした歴史学的研究」の「三方面からのアプローチの結果を、あるいは対比し、あるいは組合せて、問題の盲点・死角とみられるところを逐一吟味することによって、私の説に、人々が『騎馬民族説』と名づけた一つの見解に到達したのである」（『騎馬民族国家』、2日本における征服王朝）という。江上説には、げんに反対論もないではないが、首肯せざるを得ない部分がまことに多い。そこで、その立論の根拠を確かめておくことも、けっして無駄ではない。江上波夫は、つぎのように主張するのである。――

一方、私には、㈠前期古墳文化と後期古墳文化が、たがいに根本的に異質なこと、㈡その変化がかなり急激で、そのあいだに自然な推移を認めがたいこと、㈢一般的にみて農耕民族は、自己の伝統的文化に固執する性向が強く、急激に、他国あるいは他民族の異質的な文化の性格を変革させるような傾向はきわめてすくなく、農耕民である倭人のばあいでも同様であったと思われること。

㈣わが国の、後期古墳文化における大陸北方系騎馬民族文化複合体は、大陸および半島におけるそれと、まったく共通し、その複合体の、あるものが部分的に、あるいは選択的に日本に受けいれられたとは認められないこと。いいかえれば、大陸北方系騎馬民族文化複合体が、一体として、そっくりそのまま何人《なんびと》かによって、日本にもちこまれたものであろうと解されること。

㈤弥生式文化ないし前期古墳文化の時代に、馬牛のすくなかった日本が、後期古墳文化の時代になって、急に多数の馬匹《ばひつ》を飼養するようになったが、これは馬だけが大陸から渡来して、人はこなかったとは解しがたく、どうしても騎馬を常習とした民族が馬を伴って、かなり多数の人間が、大陸から日本に渡来したと考えなければ不自然なこと。

㈥後期古墳文化が王侯貴族的・騎馬民族的な文化で、その弘布が、武力による日本の征服・支配を暗示させること。

㈦後期古墳の濃厚な分布地域が軍事的要地と認められるところに多いこと。

㈧一般に騎馬民族は陸上の征服活動だけでなく、海上を渡っても征服欲を満足せしめようとする例がすくなくないこと（たとえばアラブ・ノルマン・蒙古などの例）、したがって南部朝鮮まで騎馬民族の征服活動がおよんだばあいには、日本への侵入もありえないことではないこと。

——だいたい以上の八つの理由によって、私は前期古墳文化人なる倭人が、自主的な立場で、騎馬民族的大陸北方系文化を受けいれて、その農耕民的文化を変質させたのではなく、大陸から朝鮮半島を経由し、直接日本に侵入し、倭人を征服・支配したある有力な騎馬民族があり、その征服民族が、以上のような大陸北方文化複合体をみずから帯同してきて、日本に普及させたと解釈するほうが、より自然であろうと考えるのである。
（同、日本国家の起源と征服王朝）

江上波夫の〝騎馬民族説〟について縷々《るる》紹介する遑《いとま》はないし、この場所ではその必要もないかも知れないが、それの最終結論だけは知っておいていただいたほうがよいであろう。「もし四世紀前半における大陸系騎馬民族の侵入・征服がなかったならば、日本民族は長く太平の夢をむさぼって、モンスーン地帯の東南アジア諸島の農耕民族とほぼ同じような状態で今日に至ったであろう。日本はモンスーン地帯における島嶼《とうしょ》で、農耕民族の上に騎馬民族が建国した唯一の国なのである。そうしてそこに現在の日本のあり方も根ざしているのである」（同、日本民族の形成）というのだか、そうなると、ウマが日本列島にもたらされた歴史的事実は、たんに、それによって大陸の馬文化が波及し滲透しただけにとどまらないことが、いまや明白である。〝騎馬民族説〟に反対する論者も、ウマの渡来が古代日本の社会構造の変化と無関係であるなぞとは、よもや主張できまい。ウマがのこのこ自分の疾駆力のみに頼って日本列島にやってきたり、日本列島の緑野に暢《のんび》り草を食《は》んでいたりしたはずがないからである。（〝騎馬民族説〟をめぐる賛否の論議は、井上光貞『日本国家の起源』のなかに、客観的に要約されてある。）

じっさいに、「馬」の語源は、朝鮮語の「ウンマ」からの転訛であることは疑いようがないし、中国語の「バ」または「マ」が「ウマ」に転ずることも音声学の法則からは当たり前すぎるほど当たり前である。蒙古語の「メーリン」（mörin）の「メ」が「ウマ」に変わる音声的変化も不自然とはいえない。大陸からウマだけを頂戴して爾余《じょ》の社会的＝文化的価値のほうはお返し申しあげた、などと考えるほうが却《かえ》って不合理である。だいいち、四世紀前後の日本には、文化らしい文化ひとつ存在しはしなかった。現今、土着文化を誇らかに唱《とな》えることが大流行《おおはやり》であるけれども、ウマを媒介にして考え直してみると、日本固有の文化などというものは皆無だったとさえ言えるのではないか。

ともかくも、三世紀末ごろから、大陸文化は〝ウマとともに〟日本列島に入ってきた。そして、ウマの渡来とともに、古墳時代の日本人社会はがらっと変貌してしまった。ウマが歴史を変えたのである。

その変遷のプロセスを、かりに『古事記』にあらわれるウマに即して追ってみると、どういうことになるか。少しく検討を加えてみよう。（この項、読みくだし文は、特に中島悦次『古事記評釈』に拠る）

まず、上つ巻「須佐之男命の勝さび」の段に――

天照大御神忌服屋《いむはたや》に坐《ま》しまして、神御衣《かむみぞ》織ら令《し》めたまふ時に、其の服屋《はたや》の頂《むね》を穿《うが》ちて、天斑馬《あめのふちこま》を逆剥《さかは》ぎに剥《は》ぎて堕《おと》し入《い》るゝ時に、天衣織女《あめのみぞおりめ》見驚きて、梭《ひ》に陰上《ほと》を衝《つ》きて死《みう》せにき。故《か》れ於是《ここに》天照大御神、見畏《みかしこ》みて、天《あめの》石屋戸《いはやと》を閉《た》てて、刺《さ》し許母理《こもりま》坐しき。爾《ここ》に高天原皆暗く、葦原中国 悉《ことごと》に闇《くら》し。此《これ》に因《よ》りて常夜《とこよ》往《ゆ》く。於是万《ここによろづ》の神の声《おなとひ》は狭蠅那須《さばへなす》満《み》ち、万の妖《わざはひ》悉に発《おこ》りき。

と見える。この「天斑馬」は、『日本書紀』に「斑駒」とある。『倭名類聚鈔』によると「駁馬。俗云、布知無万。説文云、駁不㆓純色㆒馬也」とあって、意味は、種々の毛色の入り混じっている馬、ぶちの毛色の馬、ということ。アストンは「天斑馬」をもってインド神話の斑牛の類で、空に星々の散在しているさまの連想だと言うがうがち過ぎではないか。原文「逆㆓剥天斑馬㆒剥」は、大祓《おおはらえ》の祝詞《のりと》に「畔放《あはなち》、溝埋《みぞうめ》、樋放《ひはなち》、頻蒔《しきまき》、串刺《くしざし》、生剥《いけはぎ》、逆剥《さかはぎ》、屎戸《くそへ》、許許太久《ここだく》の罪を天津罪《あまつつみ》と法《の》り別《わ》けて」とある農業妨害に関する罪のうちの一つで、生きたままのウマの皮を剥《は》ぐ重罪。われわれとしては、ウマが実際的にも宗教的にも宝物視《ほうもつし》された例証を得る手がかりを、『古事記』のこの段の記述のうちに見いだせばよいのだと思う。

中つ巻、崇神天皇の「大毘古命と歌う少女」の段に――

又此の御世に、大毘古命をば高志道に遣《つか》はし、其の子建沼河別命をば東の方十二道《とをまりふたみち》に遣はして、其の麻都《まつ》漏《ろ》波《は》奴《ぬ》人等《ひとども》を平け和《やは》さ令《し》め、又日子坐王《ひこいますのみこ》をば旦波国《たにはのくに》に遣はして、玖賀耳之御笠《くがみみのみかさ》を殺《と》ら令《し》めたまひき。故《か》れ大毘古命、高志国に罷《まか》り往《いま》す時に、腰裳《こしも》服《き》たる少女《をとめ》、山代之幣羅坂《へらさか》に立てりて、歌《うた》曰ひけらく、

是《こ》はや、御真木入日子《みまきいりひこ》はや、御真木入日子はや、己《おの》が緒《を》を　ぬすみ・殺《し》せむと、後《しり》つ門《と》よ　い行き違《たが》ひ、前《さき》つ門《と》よ　いき行き違《たが》ひ、窺《うかが》はく　知らにと、御真木入日子はや。

於是《ここに》大毘古命怪《あや》しと思ひて、馬を返して其の少女に、「汝《いまし》が謂へる言《こと》何《いか》に言《いふ》ぞ」と問ひたまへば、爾《すなは》ち少女、「吾《あれ》言《ものい》はず、唯歌をこそ詠《うた》ひつれ」と答《こた》曰へて、即ち其の所如《ゆくへ》も見えず忽ち失せにき。

ここの記事は、『日本書紀』のほうでは、前後関係がもっと詳細に叙述されている。すなわち、崇神天皇の「十年秋七月丙戌朔己酉、詔二群卿一曰、導レ民之本、在二於教化一也。今既礼二神祇一、災害皆耗。然遠荒人等、猶不レ受二正朔一。是未レ習二王化一耳。其選二群卿一、遣二于四方一、令レ知二朕憲一。○九月丙戌朔甲午、以二大彦命一遣二北陸一。武渟川別遣二東海一。吉備津彦遣二西道一。丹波道主命遣二丹波一。因以詔之曰、若有二不レ受レ教者一、乃挙レ兵伐レ之。既而共授二印綬一為二将軍一。○壬子、大彦命到二於和珥坂上一。時有二少女一、歌之曰、一云、大彦命到二山背平坂一。時道側有二童女一歌之曰、……」と記載されている。いわゆる四道将軍派遣の段であるが、ここに「民《おほみたから》を導く本《もと》は、教《をしへ》化《おもぶ》くるに在り」と示された記事は本邦の教化（教育）事始めという視点からも重要である。ところが、「若《も》し教《のり》を受けざる者あらば、乃《すなは》ち兵《いくさ》を挙《あ》げて伐《う》て」とは、王化教育を受けない者がいたら殺してしまえ、の意であるから、気付かないうちはどうという

ことも無い記事だが、いったん気付いてしまったあとでは、それこそ戦慄に値する極度に殺伐な教育である。日本列島住民が千数百年も呻吟させられた国家本位の教育は、斯く古い歴史の歩みを辿ったのであり、最小限、明治近代以後の日本の植民地教育の原型もしくは淵源は、じつに、ここに求められる。こんな武力征服を強行したのでは、各地に不満分子が出るのも当然であろう。山城の幣羅坂《へらさか》（山城と大和との国境にある坂）で、少女が警告の歌（後世の落首《らくしゅ》に当たるもの）を歌うのを耳にして、大毘古命は「馬《うまを》レ返《かへ》」して質問したのである。『古事記』のこの「ウマを返して」という表現措辞は、巧まぬやりかたで、武力征服者の像を的確にシンボライズしている。

中つ巻「息長帯比売《おきながたらしひめ》の征韓」の段には――

故れ備《つぶさ》に教《をし》へ覚《さと》したまへる如くして、軍《みいくさ》を整《ととの》へ船《みふね》を雙《つらな》めて、度《わた》り幸《い》でます時に、海原《うなばら》の魚《いを》ども大小不問悉《おほきちひさきことごと》に御船を負ひて渡りき。爾《ここ》に順風《おひかぜ》大《さかり》に起きて、御船浪の従《まにま》にゆきつ。故れ其の御船の波瀾《なみ》、新羅の国に押し騰《あが》りて、既に国半《くになから》まで到りき。於是其の国王《こにきし》畏《かしこ》ぢ惶みて奏《まを》しらけく、「自今以後《いまよりゆくさき》、天皇《おほぎみ》の命の随《まにま》に御馬甘《みうまかひ》と為《し》て、年毎《としのは》に船腹《ふなばら》乾《ほ》さず、柂檝《さをかぢ》乾さず、天地の共与《むた》無退《とことは》に仕へ奉らむ」と言しき。故れ是《ここ》を以て、新羅国をば御馬甘と定めたまひ、百済国をば渡屯家《わたのみやけ》と定めたまひき。

ここの記事は、戦前は「神功皇后の三韓征伐」と題して小学校の教科書に載っていたものだが、歴史学研究の進んだこんにち、知識人ならば、誰ひとりこんな荒唐無稽なお伽噺を本気で信ずる者はない。神功皇后の実在さえ疑われているのだから。ただ、日本軍が朝鮮半島を侵略した事実だけは、たぶん、あったであろう。それも、勝利者となったか、現地軍に撃退されたか、ということになると、今後の研究成果を待つより仕方ない。高句麗好太王碑が明治年代参謀本部による改竄《かいざん》をこうむったと主張する李進熙《リジンヒ》『広開土王陵碑の研究』『好太王碑の謎』などの所論にも、偏見なしに耳を傾けるべきであろう。それはともかくとして、この物語ちゅうに、新羅国王が「自レ今以後、随二天皇命一而為二御馬甘一」と奏して、その結果「新羅国者定二御馬甘一」と決められた、という記述のあることに注意したい。御馬甘《みうまかい》は、書紀では馬飼部《うまかいべ》（朝廷用の乗馬を飼育し管理する部民）とある。解釈の仕方によれば、神功皇后によって代表される日本古代社会の支配者は、新羅のウマが欲しくて侵略戦争を企図したとも取れる。そう解釈しないまでも、新羅が優秀馬の供給地であったことだけはほぼ確実のように思われる。その起源説明神話がここに物語られたと見たらよいのではないか。

中つ巻、応神天皇の「須須許理《すすこり》」の条を見ると、

此の御世に海部《あまべ》・山部《やまべ》・山守部・伊勢部を定め賜ふ。亦剣池《つるぎのいけ》を作る。亦新羅人参渡《まゐわた》り来つ。是《ここ》を以て建《たけしの》内宿禰命《うちのすくねのみこと》引率て堤池に役《えだ》た為《せ》て、百済池《くだらのいけ》を作る。亦百済国主照古王《くだらのこにきしせうこわう》、牝馬壹疋《めまひとつ》、牡馬壹疋《をまひとつ》を阿知吉師《あちきし》に付けて貢上《たてまつ》りき。亦横刀《たち》及大鏡とを貢上りき。又百済国に「若し賢人《さかしびと》有らば貢上れ」と科《おほ》せ賜ふ。故《か》れ命《みこと》を受けて貢上れる人、名は和邇吉師《わにきし》、即ち論語十巻《とまき》・千字文一巻幷《あは》せて十一巻《とをまりひとまき》を、是《こ》の人に付けて貢進《たてまつ》りき。又手人《てひと》、韓鍛《からかぬち》名は卓素、亦呉服《くれはとり》西素、二人を貢上りき。又秦造《はたのみやつこ》の祖、漢直の祖、及酒《またみき》を醸《か》むことを知れる人、名は仁番《にほ》、亦の名は須須許理等参渡《すすこりどもまゐわた》り来つ。

これらの叙述は、応神天皇の時代に、朝鮮半島の学問・工芸・技術に関係した人物がさかんに帰化（正しくは、渡来と言うべきであるが）して、日本の文化に貢献したことを記したものである。百済国王の照古王（『日本書紀』には「肖古王」とある）の実年代を『三国史記』に徴《ちょう》して検討し直してみると、どうにも応神天皇の年紀とずれが生じてしまうが、ここではそれの穿鑿にかかずらう必要はない。ウマに関する記事として、「百済国主照古王以二牝

馬壹疋・牝馬壹疋一付二阿知吉師一以貢上」に注目すれば足る。同じ記事は『日本書紀』応神天皇十五年八月の条には「百済王遣二阿直岐《あちき》一貢二良馬二匹一即養二於軽坂上厩一因以二阿直岐一令二掌飼一、故号二其養レ馬之処一曰二厩坂一也」と見える。国文学者たちの一般的な解釈は、馬匹改良がおこなわれた事実を暗示していると取る。加茂儀一『家畜文化史』は、「『日本書紀』や『古事記』に伝えられている応神天皇十五年に百済王が阿直岐をして大和朝廷に貢献せしめた二頭の良馬は、漢代に中国へ移入され、さらに朝鮮に入ってきたタルパン系の馬であって、在来の小形のモーコ馬と比較してわざわざ『良馬』と呼ばれたものと思われる」と取る。古墳からの出土馬（関東地方が多いが）が、時代が新しくなるとともに大形馬となっているのは、騎馬＝乗馬の急激な発達を物語る。馬具や餝馬《かざりうま》像の出土も、そのことを傍証してくれている。

下つ巻、安康記の「市辺之忍歯王の斬殺」の段を見ると――

此の時、市辺之忍歯王《いちべのおしはのみこ》を相率《あひいざな》ひて、淡海《あふみ》に幸行《いでま》して其の野《ぬ》に到りませば、各《おのもおのも》異《こと》に仮宮《かりみや》を作りて宿《やど》りましき。爾《ここ》に明旦《つとめて》未だ日も出でぬ時に、忍歯王以平心《なにのみこころもなく》御馬《みま》に乗らし随《なが》ら、大長谷王《おほはつせのみこ》の仮宮の傍《へ》に到《ゆ》き立たして、其の大長谷王子の御伴人《みともびと》に詔りたまはく、「未だ寤《さ》め坐《ま》さぬこそ。早く白《まを》す可《べ》し。夜は既に曙《あ》けぬ。猟庭《かりには》に幸《い》でます可し」とのりたまひて、乃ち馬《みま》を進めて出で行《い》ましぬ。爾《ここ》に大長谷王の御所《みもと》に侍《さもら》ふ人等《ひとども》、「宇多弖《うたて》物云ふ王子《みこ》なれば慎《みこころ》したまへ。亦御身《みみ》をも堅めたまふ応《べ》し」と白《まを》しき。即ち衣《みそ》の中《うち》に甲《よろひ》を服《き》まし、弓矢を取り佩《は》かして、馬《みま》に乗らして出で行《い》まして、倏忽之間《たちまち》に馬より往《ゆ》き雙《なら》ばして、矢を抜きて其の忍歯王を射落して、乃ち亦其の身《みみ》を切りて、馬槽《うまぶね》に入れて土と等しく埋《うづ》みき。於是《ここに》市辺王の王子等《みこたち》、意富祁王《おほけのみこ》・袁祁王《をけのみこ》二柱、此の乱を聞かして逃げ去りましき。故れ山代の苅羽井《かりはゐ》に到りまして、御粮食《みかれひきこしめ》す時に、面黥《めさ》ける老人《おきな》来て其の粮《みかれひ》を奪《と》りき、爾に其の二はしらの王、「粮は惜しまぬを、汝は誰人《たれ》ぞ」と言《の》りたまへば、「我《あ》は山代の猪甘《ゐかひ》なり」と答白《まを》しき。故れ玖須波《くすば》之河を逃げ渡りて、針間国《はりまのくに》に至りまし、其の国人名は志自牟《しじむ》が家に入りまして、身《みみ》を隠して馬甘《うまかひ》・牛甘《うしかひ》にぞ役《つか》はえいましける。

大長谷王《おおはつせのみこ》は安康天皇の同母弟で、すなわち、のちの雄略天皇のことである。ここの物語は、顕宗天皇（袁祁王）、仁賢天皇（意富祁王）の即位物語をひきだす伏線として、両帝の父である市辺忍歯王が、大長谷王によって惨殺されたことの顚末を叙述したのであろう。『日本書紀』には、兄の安康帝が以前に市辺押磐皇子を後継者としたことを遺憾に思った大泊瀬皇子は、使を押磐皇子のもとにやり、冬十月の狩猟場に誘いだし、猪がいるぞと偽り叫んで、この政敵を射殺した、そして二子の億計《おけ》王と弘計《をけ》王とは逃げて身を隠した、と叙述されている。いずれにしても、雄略天皇が、すべての反対派を武力で制圧し、帝位を奪取したプロセスを描いている点で、記紀ともに一致した見解に立っている。『古事記』の場合、覇者となる大長谷王が「乗レ馬出行、倏忽之間、自レ馬往雙、抜レ矢射ニ落其忍歯王一、乃亦切ニ其身一、入ニ於馬槽一、与レ土等埋」というふうに、馬上から矢を射て敵対者《ライヴァル》を倒し、かつその遺骸を馬槽《うまぶね》にぶち込んで、盛り土もせずに埋めてしまった、との表現をとり、いかにも騎馬民族のキングたる威容を想い起こさせている点が、印象的である。敗者となった忍歯王の二遺児が針間の国の屯倉《みやけ》を管理する志自牟《しじむ》の家に逃げて行き、馬飼い・牛飼いに身を落として安全を図った点も、印象的である。このときには、ウマは、もはや完全に〝権力のシンボル〟となっていた。馬上ゆたかに胸を張るのが、まさしく支配者に最もぴったりしたイメージになっていたのであろう。天照大神や神武天皇は、いや、崇神天皇でさえ、馬上ゆたかに君臨している姿では絵にならない。明らかに、雄略天皇とともに、ウマの時代がやってきたのである。

――このように、『古事記』にあらわれるウマの記事を、叙述の順序にしたがいながら追ってみたのであるが、同様の照明操作を『日本書紀』の上に加えてみるならば、ウマを完全に掌握した者が権力の座に就くプロセスがいよいよ明らかになるはずである。景行紀をみると、日本武尊が信濃に入ったときウマが「頓轡《なず》」みて進まなかった、という記事にぶつかる。さすがの日本武尊も、いまだ騎馬の力を掌握しきれる段階になかったために、毎回の戦闘ごとに大苦戦を強いられたのである。ところが、仁徳紀には、新羅が朝貢しなかったので、田道《たぢ》が「精騎《うまいくさ》」を連《つら》ねて新羅軍を討ち、潰走させたとある。允恭紀には、皇后が馬に乗っている者に蘭の一茎を与えたとある。雄略紀になると、前記市辺押磐皇子惨殺の記事のほか、百済の工人鞍部《くらつくりべ》堅貴を河内に居住せしめるなど、ウマに関係のある記載が急におびただしく現われてくる。ウマが、権力者の所有物として、軍用・乗用・輸送用または農耕用に使われるようになっていった推移は、正史の記事を透《す》けて、われわれのほうに彷彿と見えてくる。ただ、騎兵軍団が本当に編成されたかどうかという一点になると、これといって、確証というようなもののないのを遺憾とする。

しかし、ともかく、文献なり考古学的史料なり民族学的比較作業なりを根拠にして考察すると、ウマを掌握した者が支配者となり、支配者はまた常時ウマを掌握していた、という事実ばかりは、疑おうにも疑い得ない。飛鳥時代社会の事実上の支配者であった蘇我氏の族長が馬子《うまこ》という名をもち、このミスター・ナンバーワンの孫の入鹿《いるか》が鞍作《くらつくり》という別名をもっていたことは、けっして、偶然ではない。ほぼ同時代の作だということになっている有名な一首が『万葉集』の劈頭部分を飾っている。

たまきはる宇智《うち》の大野《おほぬ》に馬並《うまな》めて朝踏ますらむその草深野《くさふかぬ》（巻第一、四）　間《はし》人《びとの》連《むらじ》老《おゆ》

名著の聞こえ高い斎藤茂吉『万葉秀歌』は、同書の開巻第一ページにこの一首を据え、つぎのように述べる。「舒明天皇が、宇智野《うちの》、即ち大和宇智《うち》郡の野（今の五条町の南、阪合部村）に遊猟したまうた時、中皇命《なかちすめらみこと》が間人連《はしびとのむらじ》老《おゆ》をして献らしめた長歌の反歌である。」「作者は中皇命か間人連老か両説あるが、これは中皇命の御歌であらう。

縦《よ》しんば間人連老の作といふ仮定をゆるすとしても中皇命の御心を以て作つたといふことになる。間人連老の作だとする説は、題詞に『御歌』となくただ『歌』とあるがためだといふのであるが、これは編輯当時に『御』を脱してゐたのであらう。」「一首の意は、今ごろは、たまきはる（枕詞）宇智の大きい野に沢山の馬をならべて朝の御猟をしたまひ、その朝草を踏み走らせあそばすでせう。露の一ぱいおいた草深い野が目に見えるやうでございます、といふ程の御歌である。〈中略〉作者が皇女でも皇后でも、天皇のうへをおもひたまうて、その遊猟の有様を聯想し、それを祝福する御心持が一首の響に滲透してゐる。決して代作態度のよそよそしいものではない。そこで代作説に賛成する古義でも、『此題詞《ハシツクリ》のこゝろは、契沖も云ふごとく、中皇女のおほせによりて間人連老が作《ヨミ》てまつれるなるべし。されど意はなほ皇女の御意を承りて、天皇に聞えあげたるなるべし』と云つてゐるのは、この歌の調べに云ふに云はれぬ愛情の響があるためで、古義は理論の上では間人連老の作だとしても、鑑賞の上では、皇女の御意云々と否定し得ないのである。此一事軽々に看過してはならない。」と。勤皇党の茂吉からすると、この歌の作者はなにがなんでも中皇命でなければならないし、その詩想は「愛情の響」きに満ちた思慕をもたなければならない。守旧思想を代表する一詩人の見方として、われわれも、これを尊重すべきだろう。しかし、「一首の響」きということになれば、われわれには、第一に、ウマに表象された支配権力への謳歌以外には聞こえて来ない。権力に対する絶対服従の誓い（服従儀礼の実習）以外に何も聞こえて来ない。それに、これだけは特にはっきりさせておかねばならないが、『万葉集』は、素朴な古代民衆のリアリズムから生みだされた歌集とばかり受け取るならば却って過誤を犯すのであり、その詩想や美意識や表現修辞などは中国詩文から学習し咀嚼消化した部分＝個処が意外なほど多いのである。そして、ウマを王権や貴族支配のシンボルとして表現した作例は、律令知識人がお手本に仰いだ『芸文類聚《げいもんるいじゅ》』には幾らでも見付かるのである。

馬（その二）　*(Equus caballus)*

すでにあまりにも明白なように、ウマは、日本古代においては、権力レヴェルにおいてのみ専有される高価貴重な財物であった。古島敏雄『日本農業技術史』による要約を、以下に示しておく。「上代に於《おけ》る牛馬が五穀と共に農用と考えられている事は書紀の一書の説話によっても知られるが、明瞭に農耕用に用いられた史料はない。多くの史料の示す所では馬の飼育は貴族及び土豪を中心とし一般百姓には容易に及し難い貴重の財物と考えられていたようである。百姓が馬を所有せる事は二、三の史料を通じて知り得るのであるが、その飼育は容易ではなかったのである。」「延喜式に現われた左右馬寮の牛馬の飼育を見る時、その飼育者が馬にあっては下馬に至る迄衛士が当り、牛は仕丁等がこれに当っていた。飼料に於ても差があり、冬は一日に細馬、米三升、大豆二升、中馬、米一升、大豆一升に対して牛は米八合となっていた。かかる差異は百姓の飼育にもあったであろう。かかる牛の委託飼育すら中以上の戸にして始めて可能である時、馬飼育が上層農民に限られた事は知るを得よう。／当時の馬の一般的飼育目的は乗用、駄載用、軍用を主とし食用、祭祀用、狩猟、礼物にも用いられた。馬肉を食用に供する事は天武天皇の四月に牛犬猿鶏と共に禁ぜられ、更に聖武天皇十三年二月には牛馬の屠殺を禁じている。厩庫律に官私馬牛を故殺する者徒一年と定め、主自ら馬牛を殺す者杖一百と定められているのは当時屠殺供食の風のあった事を示している。その他の用途については特にいうまでもないであろう。諸国に駅伝の制の定められた当時馬は最大の交通具であった。」

当然のことであるが、古代の交通もまた、権力者本位に機能されていた。坂本太郎『上代駅制の研究』、本庄栄治郎『日本交通史の研究』、大島延次郎『日本交通史概論』などに眼を通すならば、このことは明白に理解される。

いま、大島延次郎前掲書により、当面の事項に即した問題整理をおこなっておくと、まず、大化改新の交通制度については、「駅馬や伝馬も置かれたがこれらは専ら官吏の用にあてたもので、これを用いた官吏には伝符を下附した。しかし庶民は一切使用しえなかったのである。駅馬と伝馬との差は、急速の場合には駅馬に乗り、緩行する時は伝馬に乗るのであり、また前者は駅長が督し、後者は郡司が管したのであった。」（二篇 古代、一 大和時代）と述べられている。大宝令の駅制に関しては、「駅務の主なものは、人馬の継立や宿泊・給食などであり、人馬を継立するには厩舎が必要になり、宿泊や給食のためには駅舎が設けられた。〈中略〉諸道を大路・中路・小路に分ち、それに応ずる駅馬を配したが、官使の往来が稀な駅には、国司の裁量で減少することができた。これらの駅馬には筋骨が強く、強壮なものをあてたが、各戸に飼養させて軍団の用にも供した。」（同、二 令の交通制度）と述べられ、奈良時代の交通政策に関しては、「これらの道路の開通を見るに、今日のように人民往来の便益をはかり、商品の輸送を円滑ならしめるために開かれたものではなく、蝦夷経営のため速やかに兵食を輸送し、または人民より貢納する雑物を中央政府に移送する目的で作られたのである。」（同、三 奈良時代）と述べられる。そうと知って、愈々《いよいよ》、古代律令農民に課せられた労苦を思わずにはいられない。ウマは、権力者にとっては愛すべき動物であったが、貧しい農民にとっては荷厄介な存在だったはずである。『続日本紀』所載の記事を克明に追っていくと、律令貴族が地方の支配者を兼ね、多数の奴婢《ぬひ》を擁し、ウシやウマを使って大農業経営を推し進めていたことがわかる。農民たちがどのようにしてウマを飼育したかという事実を推定せしめるに足る史料は乏しいが、放し飼いが主で、農耕の必要時および乗用・運搬の必要時にのみ厩舎に入れて飼ったと考えられる。放牧のためには、牧地が定められ、野焼をして草生をととのえるなど、いろいろ厳重な管理がなされたことは、厩牧令《くもくりょう》に「牧地恒以二正月以後一従二一面一以レ次漸焼、至二草生一便レ遍」と見える記事によって知られる。厩舎の管理も「凡厩、細馬一疋、中馬二疋、駑馬三疋。請細馬者、上馬也、駑馬者、下馬也。各給二丁人一穫、丁毎レ馬一人。謂以二馬戸丁一充、其飼レ乾之日、不レ充二獲丁一、但於レ採二木葉一者、不レ可三毎レ馬充二一人一、此須二兼レ口而量充一即依二下条一、番役之外、亦輸二調草一是也。日給二細馬一粟一升、稲三升、謂稲者、半糠米、故称升也。豆二升、塩二勺、中馬稲若豆二升、塩一勺。駑馬稲一升、乾草各五囲、木葉二囲。周三尺為レ囲青草倍レ之。謂倍二於乾草一也」というふうに細かく定められてある。これでは、放牧といっても、けっして暢《のど》かではなかったであろう。はっきり言ってしまえば、ウマに近づき、ウマの功用や美しさを手中にし得た権力者をのぞけば、農民にとって、ウマなんか存在しないほうがよかったくらいだった。そこで、『万葉集』巻第十四所収の「東歌《あずまうた》」を見ると、東国《とうごく》の農民たちが、なになにの駒とか、駒がどうしたとかの序詞を、やたらに用いて〝不如意〟の嘆きを表出している実例に出くわす。むかしは、「東歌」というと、ただ健康で素朴な農民感情をうたったと考える人が多かったが、吉野裕『防人歌の基礎構造』や北山茂夫『万葉の世紀』が出て以来、その考え方の誤りであることが糾《ただ》された。特に、ウマを素材にした作例に当たってみると、表向きはウマが恋愛感情の譬喩として用いられながら、内奥ではウマが農民の困惑や呪咀の気持をあらわすモティーフに用いられていることを知る。作例十四首ことごとく掲げてみるが、なんとも妙《みょう》ちきりんな歌ばかりではないか。

鈴が音《ね》の早馬駅家《はゆまうまや》のつつみ井の水をたまへな妹が直手《ただて》よ（巻第十四、三四三九）

ま遠くの雲居に見ゆる妹が家《へ》にいつか到らむ歩め吾《あ》が駒（同、三四四一）

春の野に草食《は》む駒の口息《や》まず吾《あ》を偲《しの》ふらむ家の児ろはも（同、三五三二）

人の児のかなしけ時《しだ》は浜渚鳥《はますどり》足悩《あなや》む駒の愛《を》しけくもなし（同、三五三三）

赤駒が門出《かどで》をしつつ出でがてに為《せ》しを見立し家の児らはも（同、三五三四）

おのが男《を》をおほにな思ひそ庭に立ち笑《ゑ》ますがからに駒に逢ふものを（同、三五三五）

赤駒を打ちてさを牽《び》き心引《び》きいかなる夫《せ》なか吾《わ》がり来《こ》むといふ（同、三五三六）

垣越《くへご》しに麦食《は》む小馬《こうま》のはつはつに相見し子らしあやに愛《かな》しも（同、三五三七）

或る本の歌に曰はく

馬柵《うませ》越《ご》し麦食《は》む駒のはつはつに新膚《にいはだ》触《ふ》れし児ろし愛《かな》しも

広橋を馬越しかねて心のみ妹《いも》がり遣《や》りて吾《わ》は此処にして或る本の歌の発句に曰はく、小林に駒をはささげ（同、三五三八）

崩岸《あず》の上に駒を繋《つな》ぎて危《あや》ほかど人妻児《ひとづまこ》ろを息《いき》にわがする（同、三五三九）

左和多里《さわたり》の手児《てご》にい行き遇ひ赤駒が足掻《あがき》を速《はや》み言問《ことと》はず来ぬ（同、三五四〇）

崩岸辺《あずへ》から駒の行《ゆ》このす危《あや》はども人妻児《ひとづまこ》ろをま行《ゆ》かせらふも（同、三五四一）

細石《さざれいし》に駒を馳《は》させて心痛み吾が思《も》ふ妹が家の辺《あたり》かも（同、三五四二）

だが、さしも厳重を極めた律令支配階級によるウマの管理も、やがて弛緩《しかん》の時を迎える。九世紀以降、土地の開拓が推し進められていくと、田畑や民家がだんだん牧を狭《せば》める結果を産み、少なくとも官牧の経営維持が困難になってくる。そして、牧制の崩壊は、ついに武士階級結成の有力な要因となるまでに至る。西岡虎之助『荘園史の研究・上巻』は、この間のプロセスを、見事に跡づけてくれている。西岡同上書の中央部に据えられた章《チャプター》である「武士階級結成の一要因としての『牧』の発展」は、大宝令制の牧とその変質とを細叙した論旨であるから、部分的借用という姑息手段を執るべきでないが、その最後の節《セクション》たる「五私牧の発達による武士階級の結成過程」を敢《あえ》てお目に掛けたい。「もともと奈良時代からの大勢である兵制の特殊化の傾向は、奈良時代のすえ平安時代のはじめになってあらわれたことはすでにのべた通りであるが、さらに時代がくだると、一段とその傾向を鮮明にするようになったことは想像にかたくない。農事に遠ざかっていたことは『民は哫《ほろ》び衰耗《すいこう》す、いわんや弓矢に便なる者は百分の一・二』とあるのでも知られる。類聚三代格一八・寛平六・八・九官符。しかもこの傾向は、しばしばのべたように、兵制が騎兵にかたむいたのであるから、この場合の兵農分離とは、もっぱら農民と騎兵との分離である。〈中略〉騎兵と農民との分離は、単に普遍的に国民のあいだに二分野が生じたというだけではなく、場所のうえにも二分野を生じて、ある地方の人民は騎兵となるのに堪えうるが、ある地方の人民はもっぱら農を業とすることとなる。このうち騎兵を出す地方は良馬を産出する地方であり、したがって馬の牧場の多い地方であることは当然である。いずれにしてもこのような騎兵が、ようやく公＝律令制の兵制が乱れたさいに出現し、それに替って兵事・警察のことにあたる。これが武士である。そしてこのさいさらに考えるべきことは、このような事情のもとに発生した騎兵としての武士は大たいにおいて地方の良家出身であったということである。すなわちこれまで騎馬流行の中心はいわゆる王公・卿士・豪《マ》富《マ》の民であったが、便宜上から王公・卿士をもって中央の良家を代表させ、豪《マ》富《マ》者をもって地方の良家を代表させるとすれば、いきおい王公・卿士はその資格を失い、富《マ》豪《マ》の民が武士の本体となるようになる。そもそも王公・卿士の騎馬流行には、表面上はともかくも実際においてはあきらかに遊戯的・装飾的の分子を潜ませていて、かならずしも武芸のためではなかった。しかるに地方の富《マ》豪《マ》の民のそれにいたっては、まったく反対の事情をもち、いくぶんは遊戯のためからでもあったが、地方政治の紊乱の結果として頻発した兵事・警察事件は、もっぱら彼らを武芸にいそしませるようにし、実生活上に不可欠のものとした。すなわち地方の治安は、もはや政府の力に依頼することが不可能であったからで、そのために騎兵としての彼らは縦横に馳駆《ちく》してその能力を発揮し、ついに隠然たる勢力を扶殖《ふしょく》するのであった。そうしてその場合に地方の富豪階級＝地方豪族が武士となるにあたって、彼らはもともと一荘・一郷というような小領土を根拠とし、その領民を背景とするのであった関係から、さきにのべたように、騎兵制――それは小部隊的な兵制である――が採用されるべきであった。すなわち騎兵制によることによって彼らの武力は質的により向上し、彼らの武士化がより促進されることとなった。そしてこうしたことは、彼ら地方豪族の牧の領有によって可能であったのである。」「そうしてこうした形態を一段と前進させ、かつ戦闘的面に転回させたのが、東国における騎兵制の発達であり、しかもそれは日常における生活環境に規定されて、西国での場合に比較して、質的に格段にすぐれたものであった。ひとしく騎兵制による武力でありながら、東国での場合と、西国での場合とで開きがいかに大きいものであったか。〈中略〉しかもその場合に、対立的傾向は一二世紀後半期＝平安時代末期になっていちじるしく進行し、明確さを増し、ついにそれは、治承四年（一一八〇年）から寿永四年（元暦二年・文治元年＝一一八五年）にかけての源平合戦となって、大きく発現することとなった。そしてこの合戦をへて、武士の経済的・社会的・政治的地位は躍進をとげ、武士はここに一つの階級として明確に結成されたのであったが、そうした階級の結成なり、地位の躍進なりに主導的役割をはたしたのは、合戦の勝利者としての東国武士＝坂東武士であった。」との西岡虎之助説は、初稿発表時（一九二五年六月）以来、一字一句の訂正の余地さえ無い。見事に、と言った所以《ゆえん》である。かくして、ウマの新しい主人となるのは、古代貴族に代わって、新興武士階級である。それとともに、歴史は大きく転換することとなる。ふたたび、ウマが歴史を変えていったのである。

兵馬が力づくで歴史を変えていった革命的プロセスを、文学的に美しく描いた叙事詩『平家物語』のうち、巻九の冒頭に据えられた「宇治川の事《こと》」の段は、関東の名馬の活躍と、それをめぐる二名将の確執《かくしつ》を描いたものである。この段だけ独立して、世に名高い宇治川先陣争いの物語となっている。

さる程に東国より攻め上る大手の大将軍には、蒲《かば》の御曹司《おんぞうし》範頼、搦手の大将軍には九郎御曹司《おんぞうし》義経、宗徒《むねと》の大名三十余人、都合その勢六万余騎とぞ聞えし。その頃鎌倉殿には、生食《いけずき》、磨墨《するすみ》とて聞ゆる名馬ありけり。生食をば梶原源太景季、頻りに所望申しけれども、「これは自然のことあらん時、頼朝が物具《もののぐ》して乗るべき馬なり。これも劣らぬ名馬ぞ」とて、梶原には磨墨をこそ賜うてけれ。その後、近江の国の住人佐々木四郎の御暇《おんいとま》申しに参られたるに、鎌倉殿いかゞ思召されけん、「所望の者はいくらもありけれども、その旨存知せよ」とて、生食《いけずき》をば佐々木にたぶ。佐々木畏まつて申しけるは、「今度この御馬にて、宇治川のまつ先渡し候べし。

もし死にたりと聞召され候はば、人に先《さき》をせられてけりと思召され候べし。未だ生きたりと聞召し候はば、定めて先陣をば高綱ぞしつらんものと思召され候へ」と御前をまかり立つ。参会したる大名、小名、「あつぱれ荒涼《くわうりやう》の申しやうかな」とぞ人々さゝやき合はれける。……

佐々木四郎の賜《たば》られたりける御馬は、黒栗毛《くろくりげ》なる馬の、極めて太《ふた》う逞しきが、馬をも人をも、あたりを払って食ひければ、生食とはつけられたり。八寸《やき》の馬とぞ聞えし。梶原が賜つたりける御馬も、極めて太う逞しきが、まことに黒かりければ、磨墨とはつけられたり。いづれも劣らぬ名馬なり。

宇治川の先陣争いは佐々木四郎高綱の勝利に帰するが、これは、最優秀のウマの走力＝戦闘力と、武将個人が持っている巧妙なかけひきおよびトリックの術とが、爾後、中世という時代をつくりだしていくことを証《あか》している。十二世紀の後半から約四百年間、日本列島のどこかしらで小戦闘が繰り返されていたが、その都度《つど》、ウマの戦闘力と個人的トリックの術とに長《た》けた武士が勝利者となった。そう言ったのは、もちろん、南北朝時代ごろから鑓《やり》の使用とともに、歩兵の集団戦がおこなわれるように変わり、馬上衆《ばじょうしゅう》と称して、ウマに騎乗するのが侍大将格の武将を警衛する親衛騎馬隊に限られるような傾向にあったことをも、一応踏まえたうえで言ったつもりである。かくのごとくして、ウマは歴史をつくる担い手の地位にあったが、やがて、その地位を辷《すべ》り落ちる日がやってくる。天正三年（一五七五）の長篠の戦《たたかい》は、織田信長・徳川家康の連合軍が、戦場に馬防柵を設け鉄砲三千梃《ちょう》を準備し、突進してくる武田勝頼軍の騎馬隊に向かって鉄砲の一斉射撃を浴びせ、これを壊滅せしめた点で、戦術上、一期を画するものであった。戦術は、ウマ中心の小合戦《バトル》から、鉄砲利用の大会戦《ウォー》へと、大きく変質するのである。

極端な言い方をすれば、ウマが戦争の立役者でなくなったために、天下泰平の世の中が到来し、江戸時代二百七十年の武家政権がつづいた。かつてウマに跨った武士たちは、今やお役人に過ぎなくなった。したがって、馬術（乗馬訓練）も、剣術・槍術・弓道などと同じように、儀礼もしくは芸能の役割しか持たないことになった。講談でお馴染みの「寛永三馬術」など、その典型的な例である。流鏑馬《やぶさめ》なども、享保年間に復活されたが、もはや鎌倉時代にそうであったように武技ではなくして、少年たちのおこなう弓馬の儀式に過ぎなくなった。伊勢貞丈（一七一五〜八四）の『貞丈雑記』に「享保中、有徳院義宗様、流鏑馬御再興あるべき覚召にてありしかど、其式詳かならず、依レ之諸家並に諸国へ御尋ありて、諸方より伝へ来れる趣を書記して献上しけるを、浦上弥五左衛門と云ふ人に被二仰付一、右の書どもを書き集めさせられ、流鏑馬類聚と云ふ御書物出来たり」と特記されてあるのは、その間の経緯をよく明かしている。流鏑馬そのものは、もともと中国起源の宗教儀礼だったものが日本の宮廷行事に組み込まれ、それが平安末期から武士の間に広まったと考えられる。馬を馳せながら馬上より鏑矢《かぶらや》で木製方形の的を射るゲームで、的は三本、射手は五騎ないし十六騎。騎射とも言うが、前記『貞丈雑記』によると「騎射といふは歩射《ぶしゃ》に対へて云也、すべて馬上にて射る流鏑馬、笠懸、小笠懸、犬追物などの総名也、何にても馬上に射るを云也」と説明されている。現在、鎌倉鶴岡八幡宮などでおこなわれている流鏑馬は〝年占い〟行事の意味を持つとされるが、案外、これが最も原義に近いのかもしれない。

ついでに、日本の競馬（「走《はし》り馬」「競《きそ》ひ馬」「くらべうま」「駒くらべ」などと呼ばれた）について触れておくとすると、文献的には、『続日本紀』の「大宝元年五月丁丑、令二群臣五位已上一令二走出一、天皇臨観焉」と見える記事が最も古い。同じ『続日本紀』には、聖武天皇が、天平十九年五月五日の条に「庚辰天皇御二南苑一観二騎射走馬一。是日、太上天皇詔曰、昔者五日之節、常用二菖蒲一為レ縵、比来已停二此事一、従レ今而後、非二菖蒲縵一者勿レ入二宮中一」と見える。天皇が南苑に出御して騎射ならびに走馬を観覧した日に、ショウブ（菖蒲）のかざしが久しく廃れたことを嘆いているのは、同時に走馬の廃れたのをも嘆いているのである。五十年に一回ぐらいしかおこなわれなかったのは、律令国家建設期には、肝腎の馬が貴重に過ぎたことと、レースそのものの費用が嵩《かさ》み過ぎたこととに原因しているのであろう。それが、平安時代に入ると、頻繁に開催されるようになる。『延喜式』には、レースの手順次第が公式に定められているくらいである。馬主《ばぬし》にとっては相当の過重負担であるはずだが、権力のありったけを誇示せねばならない。平安貴族たちは、嬉々《きき》としてこのグランド・レースに参加し、みずから楽しんだ。以下、酒井欣『日本遊戯史』の記述によって、競馬発達のプロセスを確かめておこう。

勝負の差等により禄を給ひ、負者には負物を献ぜしめるに至つたのは、淳和天皇の天長四年十月丁未、紫宸殿に於て左右近衛府に走馬せしめられたる以降の事であつた。

競馬は五月五日、騎射の以前に行はれる定めとされてゐた。しかし五月の競馬に先立つて五位已上より走馬を進献する慣習とされ、親王、一品は八疋、二品は六疋、三品、四品は四疋、太政大臣は八疋、左右大臣は六疋、大納言は四疋、中納言は三疋、三位、四位、参議は二疋、一位、二位は三疋、三位は二疋、四位、五位は各一疋づつで、但し走馬の進献に堪へざる者は、四月三十日以前に進献に堪へざる旨を具申し、もし当日もしくは前日に走馬を奏する如きことがあれば負馬とされる事になつてゐた。

かくて諸家より進献された走馬は結番文のため、太政大臣より省に給ひ、省は各馬の毛色が諸家よりの申告と同一なるや否やを調べ、五位以上の結番並に走馬の毛並を奏文に記し、前一日（五日の前日四日）某卿より内侍に附して奏文を奏る。さて競馬の当日は『延喜式』に、五月五日、当日早朝、細馬十疋に鞍し、車駕武徳殿に幸し、御馬の名簿を御監に進め、則ち伝奏を以て、寮官近衛十人を率ゐて細馬を騎せしむ。とあるごとく予め名簿によつて定まれる射手、左右近衛は、左黒深緑りの布衫、右は緋大纈の布衫を著用し、馬場に結ひたる埒外より、二騎づつ鉦鼓を合図に駛せ出し、馬場末に立てられたる標を逸早く乗り越えたるを以て優者となす。但しこの標（一名勝負の木）を乗り越える時には、標下に就ける左右馬寮の官人が、註「勝負丈尺」と『延喜式』にある如く、一番毎に勝負の差を記録するか、あるひは籌を以て左右全番の勝を算するかの何れかによることとし、右勝ちたる時は乱声を発して楽を奏し、左勝ちたる時は楽のみを奏する事とされてゐた。但し負方はその年九月に至つて物資を献ずることとされ、これを輸物もしくは負物といつた。

以上は左右近衛が両騎相対して輸贏を決する例であるが、このほか十例とて十人駒を竝べて乗り競べる例もあつた。しかし後世には四騎、五騎、六騎となり、ただ祭礼の折り、きらびやかなる装ひをして静かに乗りわたすこととなつた。一条兼良の『花鳥余情』に、十列とは東遊の舞人十人なり、馬に乗りて、装束は青摺といふ物を著て、神社の行幸、関白の賀茂詣などにめしぐして、社頭にて求子など舞て、其後は馬場にて馬をはする事あり、よのつねは左右近衛の宮人これをつとむ、八幡臨時祭などには殿上の雲客舞人たり、とある如く後鳥羽院の頃には十列の物見遊山のほかは行はれなくなつた。

この公家の競馬に対して私第競馬が行はれた。私第競馬はその名の示す如く、公卿の私邸などにていとなまるるをいふ。『日本紀略』に、

応和二年四月二十四日辛亥、於㆓左大臣藤原実頼第㆒、有㆓競馬八番㆒。

とあるほか『栄華物語』や『大鏡』もしくは『小右記』その他に盛んに散見してゐるのをみると、いかに私第競馬が盛んに行はれつつあつたかを想像し得る事と思ふ。

——このように公家＝貴族によって独占されていた競馬も、平安時代末期ごろから、賀茂社が、神事としての「くらべうま」を一手に引き受けて管理するようになってから、徐々に庶民のレヴェルにも普及することになった。もちろん、庶民に許されたのは〝見物〟だけである。しかし、ともかくも、『七十一番歌合』に「むかしは上さまにもてなしされし事のいまこの氏人のみにのこりて」と記載されるまでにはなった。いまや、端午の節供の景物として

不可欠のものとなった賀茂の競馬は、賀茂神社の「一ノ鳥居」の西より「二ノ鳥居」に至るまでの芝原に柵を結び、東の方には頓宮を設けて右に鉾を立て、西の方には桟敷を構えてこの場所をお偉方《えらがた》たちの見物席とし、そうして鉾の左右には高き仮屋《かりや》をつくって勝負検証の場所とした。さて、五月五日の巳刻になると、本社の御開扉の儀があり、一定の式法次第が済み、いよいよ本式の競馬が始まり、左右二頭立てで遅速の勝負を争うこととなる。「馬場には検証のための樹が三本あって、馬場本にある桜を出馬木《でむのき》、次にあるのを三鞭木《みむちのき》とよんでゐる。騎手はここまで来ると、互ひに声をあげて鞭を打つ。馬場末にあるのが紅葉の樹で、この樹を走馬の限定として、ここで遅速を定める。この三本の樹を勝負の木といっている」（小高吉三郎『日本の遊戯』、くらべうま）。これが賀茂社の神事「くらべうま」の概要であるが、やがて、都における唯一の名物となり、近世に入ってから『都名所図絵』のなかに描かれるようにもなった。

一方、見物人のほうはどうかというと、埒《らち》の左右芝地におとなしく座っている者もあれば、桟敷に齧《かじ》りついて見ている者もありで、そのうちに興奮してくると、飛び出して行って、とうとう、怪我人を生じる場面さえ生起した。吉田兼好『徒然草』第四十一段をみると、大雑踏のなかに、樗《おおち》の木の股に腰かけて居睡《いねむ》りをしている坊主さえ出現したことがわかる。現代のダービーに熱狂するファンのありさまを想起するにつけ、早くから見物席を占領して開始を待つ群衆が、よい場所を得られない場合に木に攀じ登ったろうことは容易に首肯し得る。しかし、兼好は、そこにこそ無常迅速を確《しか》と見た。以下、第四十一段の全文を示す。——

五月五日《さつきいつか》、賀茂のくらべ馬を見侍りしに、車の前に雑人《ぞうにん》立ちへだてゝ見えざりしかば、各おりて、埒のきはによりたれど、殊に人おほくたちこみて、わけ入りぬべきやうもなし。かゝる折に、むかひなる樗《あふち》の木に、法師の登りて、木の股についゐて物みる有り。とりつきながら、いたう睡りて、落ちぬべき時に目をさますこと

43 馬（その二）

賀茂神社の競馬
「月次風俗図屏風」部分
室町時代、東京国立博物館蔵

度々なり。これを見る人、あざけりあざみて、「世のしれものかな。かくあやふき枝の上にて、やすき心有りて、ねぶらんよ」といふに、わが心にふと思ひしまゝに、「われらが生死《しやうじ》の到来たゞ今にもやあらん。それを忘れて、もの見て日をくらす、愚かなることは、なほまさりたるものを」といひたれば、前なる人ども、「まことにさにこそ候ひけれ、最もおろかに候」といひて、みなうしろを見かへりて、「こゝへいらせ給へ」と、所をさりてよび入れ侍りにき。

か程のことわり、誰かは思ひよらざらんなれども、折からのおもひかけぬこゝちして、胸にあたりけるにや。人木石にあらねば、時にとりて物に感ずることなきにあらず。

兼好のような知識人にかかると、競馬にうつつを抜かす愚か者の愚行も一挙に世界認識に通ずることになるが、しかし、一般大衆はただ訳もなく興奮し熱狂し、そうして満足したのである。

前に、江戸時代になってからの騎馬術は〝芸能〟となり〝儀礼〟となったと記したが、そのことは、ウマが依然として支配者階級の掌中に握られていた社会事実を照らしている。安藤広重をして一躍〝風景版画〟の第一人者たらしめた「東海道五十三次」は五十三次の三分の一に相当する十八景までがウマを描き、その構図や色彩の美しさとは別に、当時の宿駅の実態を知らせる好箇の史料となっている。天保三年（一八三二）、江戸幕府が朝廷に八朔御馬を献上する儀式に間に合わすべく、馬の引渡し役人、馬の医者、馬の世話をする馬廻り役などが同行する行列のなかに、広重は参加させてもらい、みちみち丹念な写生帖をつくり、これが謂わば〝原本《ウルテキスト》〟となった。馬上の旅人、人馬継立、馬市、駒追いの神事、人の乗っていない空馬、重荷の荷馬などを描き分けてみせている。駅荷馬が主に描かれているが、被支配者の馬子や人夫の働きざまを現代の視点から見直すと、おのずから同情を禁じ得なくなる。ここで、どうしても付記しておきたいが、中世のころ、馬の背を利用して物資を輸送した運送業者は「馬《ば》借《しゃく》」と呼ばれ、これは、農民が農閑期に従事するもの、商人的要素を有するものなど雑多な性格をもつが、室町時代になると、この馬借が土一揆《どいっき》を指導し、ついに徳政令を発布させた。ウマと日本人との関係をたどるのに、もちろん、それが権力のシンボルでありつづけた（それは、第二次世界大戦でウマが軍用に役立たないということがはっきりするまでつづいた）事実を無視してはならないが、他方、ウマと被支配者との間柄にも注視を怠ってはならない。

今日のように、ウマを〝平和のシンボル〟に変えしめたのは、民衆の力である。

そこで、いやでも「競馬」horse racing ; turf について言及せざるを得なくなった。古い伝統文化（＝農耕儀礼）に直接的起源を持つ日本の「競《くら》べ馬」と、近代になって輸入された「競馬」とが、もはやなんらのつながりをも有し得ないことは、当たり前である。近代競馬の日本における輸入・定着プロセスについては、岡田章雄『日本史小百科15・動物』に簡潔な要約が見える。「西洋式競馬は文久元年（一八六一）横浜居留地のイギリス人が本町に競馬場を設けて催したのが最初で、慶応元年（一八六五）根岸村に競馬場が設けられてからは根岸競馬と呼ばれ、明治六年にはイギリス人によるニッポン・レース・クラブが誕生した。これはわが国ではじめて設けられた競馬会であった。二十一年にはこの根岸競馬ではじめて馬券が発売された。また明治二年（一八六九）東京九段坂上に招魂社（のちの靖国神社）が建てられた時、その境内で競馬が執行され、その後明治の中頃まで毎年例大祭の日には必ず行われ、招魂社競馬、九段競馬と呼ばれた。十二年アメリカのグラント将軍が来日した際、その歓迎の意味で牛込陸軍戸山学校学校内に設けられた馬場で競馬を催し、天皇も臨席した。同年共同競馬会が創設され、その後毎年春秋二回この戸山競馬が行われたが、同地は僻地《へきち》だったため十七年からは馬場を上野不忍《しのばず》池畔に設けて催すこととなった。これを不忍池競馬と呼び、一時は隆盛を極めたが、収支が償わなかったため、二十六年に解散された。／ところで明治政府は日清・日露戦争によってわが国の産馬の不良を痛感し、オーストラリア産の牝馬の輸入をはかる一方、

根岸競馬
永林信実「横浜名所之内」より
明治5年、神奈川県立博物館蔵

国民に馬事思想を鼓吹するため三十九年に閣令で馬券競馬を開催する方針をとった。そのため各地に多くの競馬会や競馬倶楽部《クラブ》が生まれ、関西では鳴尾、東京附近には川崎・目黒・板橋等相次いで競馬場が設立され、一時競馬の隆盛を来したが、四十一年に馬券の発売が禁止されたため、たちまち不振状態に陥った。」「なお現行の競馬法が制定され、馬券附競馬が公許されたのは大正十二年（一九二三）のことである。明治四十年には京浜地方に六ヶ所、全国を通じて十六ヶ所の競馬場があり、馬券の売買も盛んで、目黒競馬会では十円券に対して千三百二十一円を割戻したことさえあった。その弊害が大きく非難も多かったため、四十一年に禁止されたのだが、大正十二年に両院を通過した新法では、二十円券に対して二百円を限り、その他数ヶ条の制限を附して馬券の発行を許可したのである。」（一　家に飼う動物、馬4、明治の競馬と馬券）――日本近代市民生活文化にとって競馬・馬術・美しき馬というイメージは〝無くてはならぬ〟高級な趣味財となったが、それも、十九世紀末から二十世紀初めにかけて一応の完成をみたイギリス産業ブルジョワジーの消費記号に対する表面的（そして俗物的 snobbish）摂取＝吸収の努力を精一杯試みた結果であったと言うべきかも知れない。政府指導の俗物趣味学習が馬券附競馬という形態を取った点も、いかにも明治大正文化の本質を暴《あば》き出してみせている。石井研堂『明治事物起原・下巻』第十四編遊楽部、競馬の始、（五）貴婦人財囊賞は「競馬の勝者に、婦人の手づから商品を与へることは、明治五年九月、横浜の外人競馬に際し、大江神奈川県権令の夫人が賞杯を贈りしことが皮きりなるべし」云々《うんぬん》と書き起こし、辛辣《しんらつ》な論評を加えているが、必ずしも見当違いの意見とはいえない。

最後に、ひとつだけ補足させて頂きたいことがある。日本においても、将来とも残るであろうと思われるウマの利用形態のうちの第一位を占めるものは、やはり競走馬であると言えるのではないか。そうなると、競走用の馬の持つ社会的価値や経済的価値を多少とも深く掘り当てておくべきではないか。茲《ここ》に現代アメリカの生んだ最も進歩的＝合理主義的な経済学者であり且《か》つそれゆえに極めて不遇貧困のどん底で死ななければならなかった元《もと》シカゴ大学教授ヴェブレンが残した古典的名著『有閑階級の理論』Veblen, Thorstein : *The Theory of Leisure class*, 1899. がある。暫《しば》し同書に傾聴しよう。「馬はだいたいにおいて、高価で、無駄で、——生産的目的にとって——役に立たないものである。その共同体の福祉を増進させたり、ひとびとの生活の仕方を楽にするという点で、馬がもつかもしれない生産的効用はすべて、ひとびとの美的感覚を満足させるような力なり、敏活な動作なりの展示という形をとる。これはもちろん大きな実用性である。馬は、犬と同じような程度には、忠順の精神的傾向にめぐまれていない。しかし、馬は、主人が環境の『生ける』力を自分自身の用途や意向に転換させ、そして、それらのものを通じて自分自身のすぐれた個性を表現しようとする本能に有効に役立つ。脚の早い馬は、程度は高くても低くても、少なくとも潜在的には競争用の馬である。そして馬がその持主にとくに役に立つのは、競争馬としてである。脚の早い馬の効用は主として、その見栄の手段としての能力にある。自分の持馬に隣人の馬を追いぬかせることは、その持主の攻撃と優越の感覚を満足させる。このような効用は営利的ではなく、だいたいにおいてつねに浪費的なものであり、しかもきわめて目立つほどに浪費的であるから、したがってそれは名誉あるものであり、だからまた脚の速い馬に、名声上のつよい仮想的な地位をあたえる。それればかりでなく、本来の競走用の馬は、賭博の道具として、同じように非生産的ではあるが、しかし名誉をともなう効用をもっている。／だから、脚の速い馬は、金銭的な名声の基準が、その馬がもつ美や実用性をすべて気前よく評価することを正当化するという点で、審美的にみて幸運である。その馬の顔は、衒示的浪費の原理という表面と、優越と見栄の掠奪的傾向という背面とをもっている。そればかりでなく、馬は美しい動物である。」〈訳文は小原敬士〈岩波文庫版〉に依る〉。——現代日本の千何万人という競馬ファンが、ヴェブレンの洞徹した社会文化理論をいささかなりとも理解しているか、という段になると、すこぶる覚束《おぼつか》ない。しかし、そのこと自体が、「日本人のみた動物」の一局相を逆説的に照射していると言えそうであるし、むしろ、正確には「動物からみた日本人の精神的側面」を描き出していることになるのかも知れない。

牛 (*Bos taurus domesticus*)

ウシは哺乳綱偶蹄《ぐうてい》目ウシ科の家畜である。ウシ科 Bovidae には一六亜科、四二属、二〇一種、四〇三亜種が含まれており、大別してレイヨウ類、ヤギ類、ウシ類の三つから成り立っているので、ひと口に「ウシ」といっても、動物学上からは、たいへん広範囲な哺乳類をさすことになる。しかし、わたくしたちが普通に「ウシ」というときには、ウシ属のもの、特に家畜牛（畜牛、または家牛）をさしている。よほど広い意味に解して、スイギュウ属、ヤギュウ属のものを含めていう場合もある。そのウシ属は、半ヤギュウと家畜牛とに分かれる。ヨーロッパの家畜牛は、こんにちでは多くの品種があるけれど、その祖先は原牛《げんぎゅう》（aurochs《オーロークス》）であって、これは太古《たいこ》の時代にヨーロッパ、アフリカ、アジアにまで広く棲んでいたが、一六二八年、まったく絶滅してしまった。日本の家畜牛は、黒色のワギュウ（和牛）および赤褐色《せきかっしょく》のチョウセンウシ（朝鮮牛）のほか、現在では多くの西洋種が入っているが、和牛・朝鮮牛など東アジアの家畜牛も、原牛とゼビュウとを祖先としている。ウシが家畜になったのは約一万年前で、西部アジアにおいてであったと考えられている。ハーンの古典的名著『家畜とその人類経済に対する関係』（一八九六年）に示された提説によると、野生牛の馴化《じゅんか》は、最初の定住的農民が月に対する供犠《くぎ》として用いる必要から生じたといわれる。つまり、きわめて非合理的な、もっぱら宗教的な動機によって野生牛が家畜化された、という説明である。この説明の当否は別として、これまで、ハーン学説は多くの文化史家によって採用されてきた。

さて、日本列島におけるウシの歴史はどうであったか。野生牛としてのウシは、日本には洪積世の後期から棲息していたと考えられている。シナントロプスで名高い北京周口店動物群中の類似牛の一種であるビボス・ゼロン牛は、瀬戸内海から多数出土している。一方、シベリヤ地方に発見されている極北性の野牛ビソン・オツキデンタリスも、日本本州に南下していたことが証明されている。しかし、ウシの遺歯の出土は、分布も狭く、また数が少なく、概括的にいえば、ウマよりもかなり遅れて貝塚に出現していると見て差し支えないようである。縄文期には、前世からの野生牛が生き残っていて、それらを捕獲して馴化飼養したようなこともあったかも知れないが、大部分の牛はやはり家牛であって、日本列島へ渡来した弥生文化のひとびとと倶《とも》にやって来たものだったと想像される。弥生古墳時代に至っては、埴輪土偶のなかにウシの姿が見られる（大和国磯城郡田原本出土）ようになってくる。弥生遺跡から出土される牛歯は、朝鮮半島および中国との文化交渉が頻繁に行なわれるにさいして移入せられたボス・タウルス・ドメスチクス種と考えてよい。すなわち、現在われわれが家畜牛と呼んでいるものが渡来したのである。

ウシは、ウマとは違って、農耕文化に付帯した家畜である。したがって、同じく朝鮮半島および中国から渡来したとはいっても、ウシとウマとでは、日本古代社会で果たした役割がまるで違っているのである。このことは、はじめから弁別しておかなければならない。加茂義一『家畜文化史』は、こう明言する。「牛は、このように定住的な農耕民族の家畜であり、そしてまた庶民階級の随伴獣である。このことは、同時にこの家畜が平和の象徴であることを意味している。これに反して、馬はあくまで農耕民族の家畜ではなく、かえって好戦的民族の家畜であり、支配階級の愛玩獣であった。そしてこのことは同時にこの家畜が戦争の象徴であることを意味している。日本でも昔から牛は農家の家畜であり、馬は武士の伴侶であり、百姓は馬に乗ることさえ禁じられていた。古代における戦争の場合でも戦いをする人が全部馬に乗っていたのではない。武士の資格あるものだけがこれに乗る特権をもち、家来は徒歩であった。古代エジプトにおいても馬を所有していたのは支配階級だけであって、平和を好む農民はけっして馬をもたなかった。馬は王家の所有に属していた。農業国のいずれにおいても特別の事情のないかぎり、現在でも田を耕す家畜は大部分牛に限られている。田園の象徴は牛であり、平和な農業の繁栄を祈るものにはつねに牛の姿が眼に浮ぶ」（家牛）と。

16世紀の農村風景
土佐光茂「堅田図」部分
室町時代、東京国立博物館蔵

そこで、文献に当たってみるのに、まず、『風土記』播磨国風土記、揖保郡の条に「塩阜　惟阜之南有㆓鹹水㆒、方三丈許、与海相相潤《サカルコト》卅里許、以㆑礫為㆑底以㆑草為㆑辺、与㆓海水㆒同往来、満時深三寸許、牛馬鹿等嗜《コノミテ》而飲之。故号㆓塩阜㆒」と見え、同じく宍禾《シハサ》郡の条に「塩村　処々出㆓鹹水㆒、故曰㆓塩村㆒、牛馬等嗜而飲之」と見える。この二つの文面からは、謂うところの牛馬が野生動物であるのか、それとも家畜であるのか、明確にすることができない。しかるに、『日本書紀』神代上第五段一書第十一には「是後、天照大神、復遣㆓天熊人《あまのくまひと》㆒往看之。是時、保食神《うけもちのかみ》実已死矣。唯《ただし》有㆔其神之頂、化㆓為牛馬㆒」とあって、この日本神話形成の時代においては、牛も馬も農耕用家畜として観念せられたろうことは、ほぼ明白である。保食神の農耕神話は、朝鮮神話をそっくり輸入したもので、その点から見てゆくと、家畜としての牛は朝鮮からの輸入であると想定してよい。『日本書紀』垂仁天皇二年の条に挿入せられた「任那人蘇那曷叱智」の牛飼い伝説は、『古事記』では応神天皇の段の「新羅国主之子、天之日矛」となって挿入されている。由来、日本牛と考えられている出雲牛・五島牛・但馬牛は、ことごとく朝鮮半島を故郷とすることが知られる。鑄方貞亮『日本古代家畜史』は、「文献的（或は考古学的）に観たる出雲国及び但馬国と南朝鮮との緊密なる関係、地理的に観たる値嘉嶋と南朝鮮——特に州胡——との距離の接近、及び、南朝鮮に於ける牛の飼養、而して又、所謂日本牛の原産地とを併せ考ふるとき、牛が南朝鮮より輸入せられたと思はざるを得ないのではあるまいか」（第三章 牛）と述べているが、正しい推断であろう。野生牛が存在したか否かにかかわらず、弥生時代から古墳時代にかけて、朝鮮半島から輸入された家畜が農耕に従事したことは、おおむね確実である。

それだから、『魏志倭人伝』が「其地無㆓牛馬虎豹羊鵲《ジャク》㆒」と記載しているのは、牛（それから馬も）に関するかぎり、誤謬をおかしていることになる。そして、そのことも、なんら非難すべきではないが。

牛は、このようにして、朝鮮半島から輸入されたが、その飼養技術とともに、その飼養目的ないし用法も輸入せられたと考えるべきである。とすると、牛を食用とする風習も、当然入って来てよいはずである。しかるに、わが国においては、従来、上代人には食肉の習慣が無かったという説が支配的であった。『日本書紀』天武天皇四年夏四月の、かの有名な禁食宍の詔、「莫ㇾ食㆓牛馬犬猿鶏之宍《シシ》㆒」をもって、仏法的殺生禁断思想の政治化であるとし、したがって現実に即したものではない、とするがごとき説である。しかし、祈年祭における白猪・白馬・白鶏の献饌などを勘合すれば明らかなとおり、また皇極天皇元年七月戊寅の条に「群臣相語之曰、随村々祝部所教、或殺牛馬祭諸社神……」と見えるとおり、天武天皇の時代に百姓が牛馬を屠殺していたと考えるほうが自然である。禁制が発せられたのは、必ずやその時以前に牛肉を食う慣習が存在していたからにほかならない。文献に最大の敬意を払うべきであるが、いっぽう、文献のみを重んじて推理・判断をみちびく場合には思わぬ陥穽《かんせい》に囚われる。

牛の飼養の目的として、つぎには搾乳を考えねばならぬ。『続日本紀』和銅六年五月丁亥の条に「始令山背国点乳牛戸五十戸」と見え、『令集解』巻五に「乳戸五十戸、経年一番役十丁、右二色人等、為品部、免調雑徭」と見える。大宝令に制定された乳戸が、和銅六年になって実際に設定せられたのであろう。ところが、『新撰姓氏録』を見ると、「和薬使主《ヤマトノクスシノオミ》　出自呉国主照淵孫智聡也、天国排開広庭天皇諡欽明御世随使大伴左弖比古、持内外典薬書明堂図等百六十四巻仏像一軀伎楽調度一具等、入朝。男善那使主、天万豊日天皇諡孝徳御世依献牛乳賜姓和薬使主」とある。おそらく、大化年間以前に、すでに帰化人（特に南朝鮮からの）の間に牛乳を飲用する習慣が行なわれていたのであろう。なお、滝川政次郎『日本社会経済史論考』は、典薬寮で用いられた「牛粥」をもって、現在のコンデンス・ミルクもしくはヨーグルトに類するものだろうと推測を与えているが、あるいは必ずしも穿《うが》ち過ぎの説と言えないかも知れないとは思うけれど、しかもなお、「牛粥」の用語にかぎっては、やはりウシのための飼料と考えるほうが穏当のように思われる。

牛の飼養の目的として、つぎに挙げなければならないのは輸送手段である。佐伯有清『牛と古代人の生活』は、つぎのような明快な問題整理をおこなっている。

律令国家が馬とともに牛を飼養したのは、「馬・牛は軍国の用いる所なり。故に余畜と同じからず」（『賊盗律』盗官私馬牛条）とか、「馬・牛は軍国の資にして暫無すべからず」（『類聚三代格』延暦八年九月四日太政官符）とか、「牛の用たるは国にありて切要なり。重きを負つて遠くに致す」（『日本後記』延暦二十三年十二月壬戌条）という理由からであって、農耕のためよりも、もっぱら駄用として、主として戦時の物資輸送に備えるためであった。それは律令国家が牛牧をも兵馬司の管理下におき、兵馬司の長官が「征行大事」、つまり国の大事にあたって出征する場合に、牛・馬の差発を指揮することになっていたことでもあきらかであろう。〈中略〉しかも、私有の牛・馬についても、兵部省・兵馬司の掌握するところとなっていて、毎年私有の牛馬帳を官の牛馬帳とともに朝集使に付して、太政官に提出しなければならなかった。これらの帳簿が太政官から兵部省にわたったことはいうまでもない。天平六年（七三四）の『出雲国計会帳』に「百姓《ひやくせい》牛馬帳一巻」と記されているのは、令の規定が実際におこなわれていたことをしめしている。このように私有の牛でも、一頭のもれもなく、すべて律令国家の掌握下におこうとしたところにも、律令制の本質がどのようなものであったかをうかがうことができるだろう。

律令律《りつ》のもとで、牛は兵器に準じたものであったとみなしてよい。事実、『続日本紀』の天平四年（七三二）八月壬辰条には、「東海東山二道及び山陰道の国の兵器・牛馬は竝に他処に売り与うことを得ず。一切禁断して、界《さかひ》に出さしむること勿《なか》れ」とあって、牛が馬とともに兵器と同等にあつかわれている。

（第二章　律令制と牛）

こうなると、牛も見動きならぬことになるが、律令体制下では、肝腎の人間すらが専制支配のためにがんじがらめに縛られていたのであるから、「牛の平和」なんか望めるどころではなかった。

牛が輸送の手段として用いられた例として、『万葉集』の歌の三首を引いておこう。

吾妹子が額《ぬか》に生《お》ひたる雙六《すごろく》の牝牛《ことひのうし》の鞍《くら》の上の瘡《かさ》（巻第十六、三八三八）　安倍朝臣子祖父

おし照るや　難波の小江《をえ》に　廬《いほ》作り　隠《なま》りて居る　葦蟹を　王《おほきみ》召すと　何せむに　吾《わ》を召すらめや……東の　中の門《みかど》ゆ　参納《まゐ》り来て　命《みこと》受くれば　馬にこそ　絆《ふもどし》掛《か》くもの　牛にこそ　鼻縄はくれ　あしひきの　この片山の　もむ楡を……（巻第十六、三八八六）　作者不詳

牝牛《ことひうし》の　三宅の埼に　さし向ふ　鹿島の埼に　さ丹塗の　小船を設《ま》け……（巻第九、一七八〇）　作者不詳

第一首目の「ことひのうし」は、万葉仮名では「事負乃牛《コトヒノウシ》」とある。第三首目の「ことひうし」は、三宅の枕詞として用いられてある。そこで、『倭名類聚鈔』に鑒《かんが》みるのに、「特牛　辨色立成云片牛俗語云古度比頭大牛也」と見える。鹿持雅澄『万葉集古義』には「田舎にて、こつとひと云、是なり、名義は、許多物負牛の約れる歟」といっている。おそらく、背中に物を背負って運搬する、いわゆる駄牛を「ことひうし」と呼んだのであろう。一方、輓用すなわち牛車を引っぱる牛の使用法も、朝鮮では五世紀ごろ行なわれていた（『三国史記』新羅本紀に拠る）ことを考えると、日本にも、案外早く伝えられたのではなかったろうか。

運搬用の牛車《ぎつしや》は、早く奈良時代の史籍に散見し、奈良・京都などの都市と、木津・大津などの外港との間を、米や木材その他の重貨を積んで往復していた。乗用の牛車は、平安時代に、貴族階級の間で盛んに利用され、唐庇車《からびさしぐるま》（太上天皇・皇后・東宮および摂政・関白が使用）・檳榔毛車《びろうげぐるま》（太上天皇以下公卿や僧侶の常用車）・網代車《あじろぐるま》（文車《ふぐるま》と

もいう)・半蔀車《はじとみぐるま》(網代車の一種で、物見に半蔀が付けてあるもの。同じく貴族が使用した)などの種類があった。

『枕草子』は、まず、牛の品定めをして、「牛は額《ひたひ》はいとちひさく、しろみたるが、腹の下《した》、足、尾の筋などは、やがてしろき。」(五十一段)とか、「牛飼《うしかひ》は、おほきにて、髪あららかなるが、顔あかみて、かどかどしげなる。」(五十五段)とか、機智縦横の描写を行ない、作者本人が楽しんでいる。牛車《ぎっしゃ》の走る風情について、こう言う。

【二二四】 いみじう暑きころ、夕すずみといふほど、物のさまなどもおぼめかしきに、男車《をとこぐるま》の前駆《さき》追ふはいふべきにもあらず、ただの人も、後《しり》の簾《すだれ》あげて、二人《ふたり》も、一人《ひとり》も、乗りて走らせ行くこそすずしげなれ。まして、琵琶《びは》かい調《しら》べ、笛《ふえ》の音《おと》など聞えたるは、過ぎて往《い》ぬるもくちをし。さやうなるに、牛の鞦《しりがい》の香《か》の、なほあやしう、嗅ぎ知らぬものなれど、をかしきこそもの狂《ぐる》ほしけれ。いと暗う闇なるに、前《さき》にともしたる松の煙《けぶり》の香《か》の、車のうちにかかへたるもをかし。

【二二三】 月のいとあかきに、川を渡れば、牛のあゆむままに、水晶《すいさう》などのわれたるやうに、水の散りたるこそをかしけれ。

牛の鞦《しりがい》というのは、牛の尻にからみつける革紐のこと。その革の匂いは、どうも妙で、滅多に嗅ぎつけないものだけれど、この匂いを面白いと思うのは、なんとも風変わりなことである、といっているのである。作者の特異な感覚と官能とを示すものであると同時に、当時の宮廷生活一般の美意識を把らえているのだと思う。月夜に川を渡る牛車が砕く水晶さながらの水げしきについても、同じことがいえると思う。牛は、特に貴族たちから趣味的に鍾愛されたと見るべきである。

貴族たちから愛されたもう一つの証拠は、平安中期から鎌倉時代にかけてつくりだされた絵巻物の中に、盛んに牛が登場することである。鳥羽僧正の「鳥獣戯画」に出てくる牛は別格として、「北野天神縁起」や「平治物語絵巻」などに描かれたさまざまの牛の姿は、じつに生動躍如たるものがある。中でも代表的なのは、鎌倉後期の「駿牛図《しゅんぎゅうず》」（東京国立博物館蔵）で、もとは十図ほどあった絵巻であったことが模本でわかるが、現存するのはこのほか二、三点のみである。鎌倉期の公卿たちは競って名牛を飼い、その姿を絵にしたらしく、その図の牛も小額《こびたい》という名の筑紫牛だと記されてある。

鎌倉後期といえば、吉田兼好の『徒然草』には、つぎのような皮肉たっぷりな文章が見える。あるいは、貴族たちの間で流行を極めている牛の飼養に対して、苦々《にがにが》しいものを感じていたのではなかったか。

　人つく牛をば角《つの》を切り、人くふ馬をば耳を切りて、その標《しるし》とす。標をつけずして人を傷《やぶ》らせぬるは、主のとがなり。人くふ犬をば養ひかふべからず。これみなとがあり。律《りつ》の禁《いましめ》なり。（第百八十三段）

しかし、一方、牛の飼養は必要なものなのだから、当の牛にとっては迷惑かもしれないが、どうも仕方ないことだとも述べている。

　養ひ飼ふものには、馬・牛。繋《つな》ぎ苦しむるこそいたましけれど、なくてはかなはぬものなれば、いかゞはせん。犬は、守り防ぐつとめ、人にも勝《まさ》りたれば、必（ず）あるべし。されど、家ごとにあるものなれば、特更《ことさら》に求め飼はずともありなん。（第百二十一段）

時代はぐんと下るが、天明六年（一七八六）刊の松葉軒東井の編著『譬喩尽《たとえづくし》』を見ると、牛に関する諺や格言が

「駿牛図」
鎌倉時代、東京国立博物館蔵

たくさん収載されている。その中には意味を成さぬものも多く含まれるが、古来からの日本の民衆が牛をどのように見て来たか、また牛は日本の庶民生活とどのような関わりかたをしつづけて来たか。それを知るための好箇の資料となるので、以下に幾つかを摘出しておく。

「牛を馬に乗り替える」「牛の鞦《しりがい》と諺《ことわざ》とは弛《はづ》れさうでも不レ弛《はづれぬ》」「牛に曳かれて善光寺参り」「牛盗人と言はれうとも後生願ひと言はれるな」「牛の糞に火の付いたやうに」「牛の角に蜂」「牛は牛連れ馬は馬連れ」「牛が子を産めば必ず荒神様へ連れて参る」「丑の日灰を除るべからず其灰忽《たちまち》火に変ず」「牛に経文」「牛は眼は煩《わづら》はぬ」「牛はお屁《なら》せず」「牛盗人のやうに物言はぬ奴」「牛の琴ぢや」「牛博労《うしばくらう》が但馬牛挽追ふやうに」「牛追ひとて跡から追ふもの馬は馬方とて右の肩に付くもの」「牛の喘ぐが如し」「牛の物好き」「牛は坊主の生れ変りゆゑ精進にて雑汁《ざふす》に魚の骨あれば不レ食」「牛の喰ふやうなものぢや」「丑の刻は樹萱草木《きかやさうもく》までも寝るといへり」「牛を買はんとては馬《むま》の直《ね》を問ふ」「牛は寝る程《ほど》飼へ馬は立つ程飼へ」

――こう見てくると、牛は、どうも〈愚物〉扱いを受けつづけてきたようである。すばしっこい要素が少しも見られない。しかし、それだからこそ、民衆に愛されたということもできる。現在も新潟県の山村や、隠岐島、八丈島などに伝承されている「牛合せ《うしあわせ》」「牛角力《うしずもう》」の民間娯楽に接すると、スペインの闘牛のような残忍なところは一つもなく、ユーモラスな感興を漂わせている。日本人の動物観の一つを確実に象徴していると見てよいのであろう。

さいごに、牛肉について付言しておく。周知のごとく、明治に入って牛鍋が流行し、それが文明開化の象徴のごとく考えられたものだったが、じつは、幕末のころ、西洋の学問に触れた進歩的知識人たちの間では、早くから牛肉の賞味がおこなわれていた。肉食を忌み嫌った一般の因習を破りたいという目的もあったからに他ならぬ。佐久間象山の「被レ寄二思召一牛肉一箱御贈被二成下一、珍感殊に深奉二多謝一候。」（藤岡伊織宛て書簡）、福沢諭吉の「其時［註・緒方塾に学んでいた安政三、四年ごろをさす］、大阪中で牛鍋を食はせる処は唯二軒ある。一軒は難波橋の南詰、一軒は新町の廓の側にあって、最下等の店だから、凡そ人間らしい人で、出入する者は決してない。」（『福翁自伝、緒方の塾風』）との証言など、その好例である。牛が反権力＝民衆のシンボルであることを、啓蒙思想家は、肌（＝全身感覚で）で（正確には、舌（＝味覚）だけでなしに、の意で然《しか》く言っているつもりだが）知っていた。

右のように言い切って誤りは無いのだけれど、なお一層〝構造主義的〟に文章分析を加えていくと、『福翁自伝』の当該《とうがい》段落は、緒方塾の塾長に推されて、随分とやりたい放題の乱暴狼藉や傍若無人を重ねていた青春生活の数ページを赤裸々に提示している事実に突き当り、改めて驚かされる。緒方塾の書生らの飲酒や暴食の拠点となった牛肉屋は、当時、最下等の店だったから、普通の庶民にとってはいかがわしい存在だった、と福沢自身が証言して憚らない。前掲引用文（「出入する者は決してない」までの数センテンスをさす）につづけて、福沢は斯う述べている。「文身《ホリモノ》だらけの町の破落戸《ごろつき》と緒方の書生ばかりが得意の定客《じょうきゃく》だ。どこから取り寄せた肉だか、殺した牛やら病死した牛やらそんなことには頓着《とんちゃく》なし、一人前百五十文ばかりで牛肉と酒と飯と十分の飲食であったが、牛は随分硬《かた》くて臭かった。」と。事柄の核心を端的に説けば、啓蒙思想家とか革命運動家とかの正体（＝実像）は勉学のみに打ち込む品行方正のインテリ青年だったのではない。このことは、洋の東西を問わず、ひとつの客観的法則になっている。といって、品行不方正ないし犯罪すれすれの青年ならば秀れた革命家の資格を有する、などの敷衍《ふえん》は殆ど成り立たない。『福翁自伝』の同じ章《チャプター》の、もうすこしさきの節《セクション》に、次のごとき叙述が見える。「あるとき難波橋の吾々得意の牛鍋屋の親爺が豚を買い出して来て、牛屋《うしや》商売であるが気の弱い奴で、自分に殺すことが出来ぬからと言って、緒方の書生が目ざされた。それから親爺に会って『殺してやるが、殺す代りに何をくれるか』――『左様《さよう》ですな』――『頭をくれるか』――『頭なら上げましょう』。それから殺しに行った。此方《こっち》はさすがに生理学者で、動物を殺すに窒塞《ちっそく》させれば訳《わ》けはないということを知っている。幸いその牛屋は河岸端《かしばた》であるから、そこへ連れて行って、四足を縛って水に突っ込んですぐ殺した。そこでお礼として豚の頭を貰って来て、奥から鉈《なた》を借りて来て、まず解剖的に脳だの眼だのよく〳〵調べて、散々いじくった跡を煮て食ったことがある。これは牛屋の主人からえた《ママ》のように見込まれたのでしょう。」と。若き福沢諭吉の自由主義的科学精神や百科全書派的啓蒙思想が、おのずからにしてタブーを破って牛肉を食い、身分軌範を無視して豚殺しを敢行し、解剖学的観察のあとゆっくりと肉食を満喫しつつ《新しき時代》の到来を待ち且つそのための準備を整えたのである。牛が反権力＝民衆のシンボルであったと強調した所以《ゆえん》である。

　あと、補足したき事項は牛乳および乳製品である。

　牛乳に関する通史的記述も幾つか公刊されていないわけではないが、本稿当面の主題に沿って、茲《ここ》では敢《あえ》て石井研堂著『改訂増補明治事物起原・下巻』所載の必要記事を引用提示しようとおもう。石井は民間の歴史家にして書誌学研究者《ビブリオグラファー》、一八六七年（慶応三年）福島県郡山に生まれ、独学で東京府高等科小学校教員検定試験に合格、訓導生活を体験したあと少年雑誌「少国民」編輯者として活躍、春陽堂「今世少年」、有楽社「世界の少年」、博文館「実業少年」を足場にジャーナリストとして押しも押されぬ地位を確立、大正期に入ってからは吉野作造・尾佐竹猛ら同時代最高のヒューマニスト（人文主義教養人）と肩を竝べて明治文化研究会の創立・運営を推進するほどの著作家となった。前記『明治事物起原』には一九〇七年（明治四十年）・一九二六年（大正十五年）・一九四四年（昭和十九年）と三回の同一組版発行《エディション》がおこなわれており、その都度、内容の訂正や充実に顕著な進歩が見られている。徳富蘇峰の「石井研堂君の『増訂明治事物起原』は、チエンバレーン氏の日本に関するものを、明治の年代に局限し、然も博引、傍捜、精詳、審悉、殆んど明治年間の万宝全書と云ふも、過称ではあるまいと思はるゝ。／斯る著作、とても原稿料を目的としたる請負仕事では出来ない。著者自から其仕事に深甚の興味を感じ、且つ経験あり、素養あり、更らに能力あるものでなくては、出来るものではない。」という讃辞は、必ずしも過褒やお世辞ではない。さて、その石井事物起原の「第十八編飲食部」（第十七編衣装部と第十九編居住部とのあいだに挟《はさ》まった興味津々のチャプターである）の最初の箇処に「牛乳の始」の節《セクション》が据えられている。それの前半部分をそっくり其儘《そのまま》摘出しておこう。

牛乳の始

（一）牛乳草創時代

本邦古代、牛酪を至尊に進めしこと、史に明かなり、近代にては、享保中、徳川氏、房州嶺岡に、白牛を放養せしめて、牛酪製法を命じ、其頃僅に三頭なりしが、寛政八年に至りて七千余頭（?）に及べり、［武江年表］に、「寛政八辰年正月、白牛酪売弘のことを命じ給ふ」とあるは、即ちこれなり。

写本［方庵日記］嘉永四年十二月三日の条に、牛乳服用始とあるによれば、長崎にては牛乳の供給ありしと見ゆ。

下りて慶応元年に至り、雉子橋内なる仏国公使館地所内に厩を設け、茲にて牛乳を搾り、酪を製し、宮本主膳正、尾鳥主膳正、塩谷豊後守等、相継て之が主幹となり、将軍家飲料の外は、悉く都下に販売し居りしが、明治元年民部省主管に属し、当時雉子橋内には十頭、嶺岡には四百頭の白牛を飼養したりしといふ。

（二）領事館の牛乳

安政開国後も、本邦人の、牛乳に関する知識は、尚幼稚を免れざりし、文久二年［横浜話］我が寺院に仮寓する駐在各国領事を示ふ条に、

『賢薬には、牛の乳を朝晩呑・・・寺々に壹疋づゝ牛を飼はする牛の別当あり、乳を搾る役なり、乳汁を焼酎

なとに入れて呑、夏はギヤマン徳利に入、井戸の中につるしおく也』と書けるを見ても知るべし。
安政五年正月、伊豆柿崎村米国領事館総領事、病にかゝり牛乳を所望す、僅々壹貳合を得るのに、左の如き面倒がありし、当時の領事等の不敏、思ひやらる。
名主与平治日記、安政五年二月三日の条に、
『今夕方、異人御掛様より被ㇾ仰候には、牛の乳少々、異人所望に付、近村でも尋候様御申付被ㇾ成候に付、下役人二人白浜村（東方里余の隣村）へ遣し候、
同月四日、昨晩白浜村へ注文致し置候牛の乳、五六勺程送り来り候に付、玉泉寺（領事の寓所）へ差上候、
同月五日、尚又玉泉寺異人掛り様より、日々二合斗りづゝも、調置度由被ㇾ仰候に付、白浜村へ求め遣し候、
但し、庄八出役、
同月六日、今朝白浜村へ忠兵衛出役、牛の乳少々持参、玉泉寺へ差上候、猶又次々も注文可ㇾ致候様被㆓仰付㆒候に付、久四郎、中村より蓮台寺へ行申候、
牛乳を得ること、かく困難なるより、領事は、遂に牛を飼ふことにせり、同年八月三日四日の日記に、子連れの牛の玉泉寺に来しこと、草刈男雇入、牛小屋造りなどの記事ありて証せらる。〈表記は原文のママ〉

たかだか食習慣の相違から、信仰ないし迷信を中心に置いて形成された民俗文化の懸隔から、日本列島住民が牛肉を摂取することを禁忌し続けて来たのみならず牛乳の喫飲さえも知らずに過ごし来たった一個の歴史現実に、貿易商出身で比較民族学的教養を実地に積み上げていたインテリ領事のハリスは、かなり深い理解を示しながら、しかも領事自身の健康維持の必要を考えるとき、どうしても牛乳の調達を要求せざるを得なかった。ところが、日本がわの幕府役人は、そんなことは出来ないと言って押し返す。ハリスは、それでは自分で乳搾《ちちしぼ》りするから牛を玉泉

寺に連れてきてほしいと答える。結局、ハリスは領事館の庭で牛を飼うことになるのだが、その間《かん》の推移がハリス『日本滞在記』Harris,Townsend : *The Complete Journal*, 1855〜63. に実録として描出されている。坂口精一訳『ハリス日本滞在記 上・中・下』(岩波文庫版、一九四八〜九年) がそれである。

ただし、領事ハリスと幕府役人(=通詞)森山多吉郎との間で交《か》わされた〝牛乳および牛飼養をめぐる談話交渉〟の一伍一什《いちぶしじゅう》は、前掲岩波文庫本、中巻一八五六年九月六日の条の補註(『大日本古文書「幕末外国関係文書」之十四』の抄録)として登載されたものであることを、本稿筆者なりの〝断わり書きの義務〟として明らかにしておく。

一八五六年　九月六日　土曜日

昨日と同じ仕事をする。色々なものを、いくらか気持よく見えるようにする。一分《ぶ》は一千六百文の銭《ぜに》、すなわちキッシに等しいことを知る。このため、私が買うすべての物の値段は、今までよりも三分の二だけ引き下げられることとなる。その理由は弗《ドル》は一分《ぶ》の三倍の重量があり、従って四千八百文に相当するのに、日本人は従来アメリカ人に対して、一弗に対し千六百文を容認していたに過ぎないから。

江戸から差遣の役人森山(一)が、単なる友誼的な訪問だといって、今日私を訪れた。「菓子とシャンペン」とを馳走した。

私の裁縫人は無頼漢であることが分る。彼は働こうとはしないし、いくら賃銀を下げられても平気だと放言する。こんなに賃銀に無頓着なシナ人というものを、私は今まで見たことがない。

私は彼に厳重な訓戒をあたえた。私は彼に、もし食べてゆこうと思うなら、働かなければならない。私はお前を牢に入れたり、うんと減食させたり、また毎日鞭打を加えさせたりする権能をもっている。仕事をして、賃銀とよい食物を取る方がよいか——又は牢に入って空腹と鞭打の懲罰をうけた方がよいか。月曜日までによく考えておくがよいといった。

今夜は蟋蟀《こおろぎ》族の奇妙な昆虫の声をきく。その鳴声は、あたかも大速力で走る豆機関車のようであった。部屋部屋に蝙蝠《こうもり》がいる。大きな髑髏蜘《どくろぐも》を見る。この虫が立つと、その足が五吋半におよんだ。家内を走りまわる沢山の大鼠を見て、気持が悪くなる。夜になって軽い驟雨。

註、安政三年八月八日。
（一）　「此方（森山多吉郎）
このほど当所勤番の者へ、牛乳の儀申立てられ候趣をもつて、奉行へ申聞け候ところ、右牛乳は、国民一切食用致さず、殊に牛は土民ども耕耘、その外山野多き土地柄故、運送のため飼ひおき候のみにて、別段蓄殖いたし候儀更にこれなく、稀には兒牛生れ候義《ママ》これあり候ても、乳汁は全く兒牛に与へ、兒牛を重に育生いたし候こと故、牛乳を給し候儀一切相成りがたく候間、断りにおよび候。
彼方（ハリス）
御沙汰の趣承知仕り候。さやう候はば、母牛を相求めたく、私手許にて乳牛を絞り候やうに仕るべく候。
此方（森山）
只今申入れ候通り、牛は耕耘其他運送のため第一のもの故、土人ども大切にいたし、他人に譲り渡し候儀決して相成りがたく候。
彼方（ハリス）
相成りがたき儀に候はば、致方これなく候。尤も食用其外差支の品追々申立つべき儀もこれあり候はば、相叶ひ候だけは、御配慮下されたく相願ひ候。
此方（森山）
承知いたし候。整ひ候分は、幾重にも手当つかさるべく候。

彼方（ハリス）
ヤギは当地にこれあり候や。
此方（森山）
当表《ママ》は勿論、近国にも一切これなく候。
彼方（ハリス）
左候はば、香港より取りよせ、このへんの野山へ差置き候ては如何これあるべきや。
此方（森山）
山野へ放飼の儀は相成りがたく候。
彼方（ハリス）
構内へ差置き候儀は、如何に御座候や。
此方（森山）
豖《ぶた》同様のもの故、構内へ差置き候儀位の儀は苦しかるまじく、放し飼ひは相成りがたく候」（外交紀事本底本所引中村時万留記）。［前掲「幕末外国関係文書」之十四］

——この〝ハリス・森山会談〟のいちいちを、前に掲げた『明治事物起原・下巻』所載の「名主与平治日記、安政五年二月三日・四日・五日・六日の条」の記事に重ね合わせてみると、日本開国（＝文明化）の遅々としてはいるが併し確実な足どりが透《す》けて見えてくる。まさしく「牛の歩みの如く」とは斯かる時間的推移を言うのであろう。石井事物起原は、千葉県農民前田留吉が和蘭人スネルから牛の飼養法を学び、慶応二年八月に「太田町八丁目に牧場を起して、日本牛六頭を購入し、始めて牛乳搾取営業を開きたり」と記す。前田は、あの〝牛飼の歌人〟伊藤左千夫にとって同郷の先覚者であった。もういちど、牛こそは反権力＝民衆のシンボルなり、と呼びたくおもう。

猪《いのしし》 *(Sus scrofa leucomystax)*

イノシシ科Suidaeのイノシシ類は、ヨーロッパの中南部からインド、ビルマ、マレー半島、スマトラ、中国、台湾、朝鮮、日本にかけて分布している。日本のイノシシは、体がちいさくて、体長一・四〇メートル程度、体重も一〇〇キログラムどまり。背に黒褐色の剛毛《ごうもう》を生じ、たてがみがある。雑食性の夜行獣《やこうじゅう》で、五月ごろ子を生む。野ネズミ、マムシ、サワガニを食べ、またイネ畑やサツマイモ畑を荒らし回って害を与える。肉は野獣の第一位を占めるので、狩猟者《ハンター》にとっては主要目的となる。イノシシを肉用に改良したものがブタであるが、そのブタは肉の量が多いだけで、味のほうはイノシシがずっと上等だと見る人が多いので、狩猟獣の座からおろしてもらえないのである。イノシシは、わが国では四国、九州、本州の中部以西の山地に棲むが、東北地方と北海道地方とにはいない。

さて、イノシシが、シカとともに、縄文時代をつうじて狩猟獣の首位を占めていたことは、日本全国各地の遺跡（特に貝塚）より出土されるイノシシの遺骨（牙・歯・骨など）によって明らかである。ところが、イノシシは、体が不格好《ぶかっこう》なのに似合わず、きわめて神経質な野獣であり、そのうえきわめて敏捷なので、その捕獲に関しては容易ならざる苦心が払われたにちがいないと想像される。イノシシは、〈ヌタ〉といって、体のほてりをさます動物行動をするために、山中の沼の畔《ほとり》に出没するので、そのヌタ場への通路に罠を仕掛ける方法が考えられたであろう。しかし、貝塚出土のイノシシの遺骨には、しばしば、箭《やす》や銛《もり》の突き刺さった傷跡が検《たしか》められるので、かなりの近距離から狙《ねら》いうちしたこともあり得る。弥生時代に入ってからのことだが、伝《でん》讃岐国出土の銅鐸絵画に示されているように、五匹の犬を使って弓で射殺する方法が最も普通に用いられたものだったか。もちろん、ごく最近まで日本の諸所で行なわれていた〈落とし穴〉の利用も大いに用いられたはずで、直良信夫によると、「関東地方のロームの崖の新しい切取面をよく注意して歩いてみると、竪穴遺蹟にしては深くて巾のせまいもの、或は濠状をなして深くて長さの長いものなどがしばしばみられる。これらは大抵此の式の『落し穴』の残影だと私は信じてゐる。で、これらの『落し穴』の底には、唯孔底だけで別に何の仕掛もしてゐないものもあつたらうが、そのあるものは、竹や木の槍のやうな凄いものを上向けてつき刺して、おちて来る猪をそのまま串刺しにする仕組になつてゐたものもあつたであらう」（『古代日本の漁猟生活』）という。イノシシの雌は、仔づれで出歩くことが多いので、親がうたれると、仔はすぐに生け捕りにされやすい。そこで、佐渡、伊豆の大島、三宅島、さらに琉球など、もともと野生のイノシシが棲息しなかった地方にまで、これら仔イノシシが、飼養の目的で運ばれていったようである。

イノシシがわが国において早くから飼養せられたと信じてよい史料は、『風土記』に求められる。『播磨国風土記』賀毛郡山田里の条に「猪養野右号《ナツクルハ》二猪飼《ト》一者、難波高津宮御宇天皇之世、日向肥人《ヒムカノクマビト》、朝戸君《アサベノキミ》、天照大神坐舟於《ノイマセルフネノウヘニ》、猪持参来進之。可レ飼所、求申仰《マギマヲシアフギキ》。仍所レ賜二此処一。而放二飼猪一。故《カレ》曰二猪飼野一」とあり、この種の記載は、地名起源説話として作為されたものと考えるのを妥当とするが、しかも、当時の人々がイノシシをもって野獣とばかりは考えずに（同じく『播磨風土記』託賀郡都麻里の条に出る猪は、野獣である。また『出雲風土記』秋鹿郡大野郷の条に出る猪も、野棲のものである）、飼養可能の家畜と考えた事実があったればこそ、如上《じょじょう》の地名解釈が承認されたのではないだろうか。

『古事記』安康天皇、市辺之忍歯王の条に「是《ここ》に市辺王の王子等《みこたち》、意祁《おけの》王、袁祁《をけ》王、二柱此の乱れを聞きて逃げ去りたまひき。故《かれ》、山代の苅羽井《かりばゐ》に到りて、御粮《みかれひを》食す時、面黥《まさ》ける老人《おきな》来て、其の粮を奪ひき。爾《ここ》に其の二はしらの王《みこ》言《の》りたまひしく、『粮は惜《を》しまず。然れども汝《な》は誰人《たれ》ぞ』とのりたまへば、答へて曰ひしく、『我《わ》は山代の猪甘《ゐかひ》ぞ』といひき。」とも見える。本居宣長の『古事記伝』巻四十は「猪甘、甘は養なり」と注し、「古は上下おしなべて、常に獣肉をも食ひたりし故に、其料に猪をも養置るなり」と説明している。中国および朝鮮においては古くから猪もしくは豕（豚）の飼養が行なわれていたという確証があるから、帰化人がそれをもたらしたか否かにかかわらず、日本においてもかなり古い淵源をもっていると考えてよいであろう。なお、さきに袁祁王子《をけのみこ》の乾飯を奪い取った猪《ゐ》甘《かひ》の老人については後日譚があって、同じく『古事記』顕宗天皇の段を見ると、袁祁王子が天皇になられたあと、「其の御粮《みかれひ》を奪ひし猪甘《ゐかひ》の老人《おきな》を求めたまひき。是を求め得て、喚上《めさ》げて、飛鳥河の河原に斬りて、皆其の族《うから》の膝の筋を断ちたまひき。是を以ちて今に至るまで、其の子孫《うみのこ》、倭に上る日は、必ず自ら跛《あしなへ》くなり。故、能く其の老《おきな》の在る所を見志米岐《みしめき》。故、其地《そこ》を志米須《しめす》と謂ふ」とある。この後日譚を歴史的事実と考える必要はなく、これは、猪《い》甘部《かいべ》に伝わる古き伝えだったと想像される。高貴の人の前に出たときの猪甘部の所作を示したもので、それは同時に猪甘部の身分が非常に卑しめられていたことを物語っているのではないか。片足儀礼は古代オリエント、古代ギリシア、古代中国にあって、服従の意味をあらわしている。その儀礼的因子が日本に入ってきたかどうか不明だが、『礼記』玉藻第十三に「圏豚行不レ挙レ足」が見えるのと何らかの関連があると想像されなくもない。

しかし、イノシシの魅力ということになると、なんといっても狩猟の妙味に尽きるのではないだろうか。『古事記』雄略天皇の葛城一言主大神の条に「又一時《あるとき》、天皇葛城《かづらき》の山の上に登り幸《い》でましき。爾に大猪《おほゐ》出でき。即ち天皇鳴鏑《なりかぶら》を以ちて猪を射たまひし時、其の猪怒りて、宇多岐依《うたきよ》り来つ。故《かれ》、天皇其の宇多岐《うたき》を畏みて、榛《はりのき》の上に登り坐《ま》しき。爾に歌曰《うた》ひたまひしく」とあって、

やすみしし　我《わ》が大君の　遊ばしし　猪《しし》の病猪《やみしし》の　唸《うた》き畏《かしこ》み　我が逃げ登りし
在丘《ありを》の　榛《はり》の木の枝《えだ》（歌謡番号九九）

という長歌が見える。もっとも、この大イノシシの物語は、『日本書紀』雄略天皇五年春二月の条にも記載され

ている。天皇が猟をされたとき、どこからか、雀ほどの大きさの霊鳥が現われ、地に尾を曳き、「努力々々《ゆめゆめ》」と鳴いた。すると、追われたイノシシが大暴《おおあば》れに暴れだして、人を追ったので、舎人《とねり》にこれを射止めよと命ぜられたが、舎人は失神して木に隠れた。イノシシはただちに天皇のほうへ突進して来たので、天皇はこれを弓で刺し止どめ、足をあげて踏み殺した。ここで、舎人を罰して斬ろうとしたとき、刑に臨んだ舎人がうたった歌に「やすみししわが大君の、遊ばしし猪《しし》の、うたき畏み、わが逃げ登りし、あり丘《を》の上の榛が枝、吾兄《あせ》を」とある。『古事記』『日本書紀』両部分を比較すると、この「やすみしし」の歌は、狩猟儀礼のドラマの大団円《フイナーレ》に及んで、天皇みずからが止《と》どめの矢を射る一場《いちじょう》をみちびくための歌謡だったように臆測される。古代民にとって、野生の猪を狩ることは、壮大なスポーツでもあり、また、必要不可欠なる備荒貯蓄の手段でもあった。また、時としては、祭祀のための重要な供犠《くぎ》でもあったと考えられる。『古語拾遺』の末尾の文に「是今神祇官、以㆓白猪白馬白鶏㆒、祭㆓御歳神㆒之縁也」と見え、『延喜式』神祇に「熊皮、牛皮、鹿皮、猪皮各四張」と見える記事からも、祭祀に用いられたことが想像される。

『万葉集』に見えるイノシシの用例を引いておく。

零る雪はあはにな降りそ吉隠《よなばり》の猪養《ゐかひ》の岡の塞《せき》なさまくに（巻第二、二〇三）
江林に宿る猪鹿《しし》やも求むるによき　白細の袖巻き上げて猪鹿待つわが夫《せ》（巻第七、一二九二）
安太多良の嶺に伏す鹿猪《しし》のありつつも吾《あれ》は到らむ寐処《ねど》な去りそね（巻第十四、三四二八）

イノシシの語原と、イノシシとブタとの区別については、古来いろいろに説明されている。『本草和名』には「猪一名豵魚類反長過三尺者曰豵一名老豬又有獯山甲反牝猪大者名也出崔禹猪一名蒙貴一名鳫員出兼名苑一名参軍出古今注和名為《キ》乃《ノ》之《シ》」と見え、『倭名類聚鈔』には

「野猪　本草云野猪　和名　久佐井奈岐《クサヰナキ》」「猪　爾雅注云猪（徵居反）一名彘（音弟和名井）兼名苑一名豕（音子）方言注云豚《トン》（徒昆反字亦作扽）豕子也」と見える。近世になってから、『本朝食鑑』には「猪　訓布多」「野猪　和名久佐井奈岐、今称伊乃之志」とあり、『東雅』には「また古語古歌にもヰと読みし如きは、皆野猪の事にして、俗にもヰノシシなどいひて、家猪をばブタといふなり、野猪をクサヰナキと云ひ、豕猪をヰと云ひし、並に詳ならず」とあり、『和漢三才図会』には「野猪　和名　久佐井奈岐、俗云　井乃之々」「家　和訓　井、俗伝布太」「猪　和訓　井乃古」とある。『古事記伝』は、前記「古は上下おしなべて」を承けて、「中昔よりこなたは獣肉を食こと無き故に、猪を養ふこともなくして、猪といへばただ野山に放れ居る猪のみにて、其は漢国にて野猪と云、崇峻紀には山猪とあり、人家に養ふ猪は豕にて俗に夫多と云、彘も同物也」と説明している。『古今要覧稿』には、「ヰとは定まりて動くことなきをいふ詞なり。たとへば人の定まり坐して動かざるを居といひ、水の定まり湧て流れざるをヰといひ、草のたゞ一筋生出て枝葉なきを藺といふが如し。此獣の首また直に向て更に傍にふれ動くことなきものなれば、しか名付けしなり。」とある。いずれも面白い説ばかりだが、現代人に最も納得のゆく説明としては、『日本古代家畜史』の中で鑄方貞亮が述べている「猪の名称はその吠声或は吼声に由来する。即ち、ウー、wu. ウヰオー、wi. 等と耳に感ずる吠声或は吼声の転化である」という意見が、いちばん適切のように考えられる。

　ブタのことに触れたついでに記すと、南方熊楠は、『十二支考』所収「猪に関する民俗と伝説」の章《チャプター》のなかで、近世初頭、ブタと人間のでぶとの関係が成立したと、まことに興味深い言及をおこなっている。

　近世豚の字を専らブタと訓《よ》む。この語何時《いつ》始まったかを知らぬ。『古今図書集成』の辺裔《へんえい》三十九巻、日本部彙考七に、明朝の日本訳語を挙げた内に、羊を羊其《ようき》、猪を豕々《しし》として居る。その頃支那人が家猪を持ち来ったのを、日本人が野猪イノシシの略語でシシと呼び、山羊をヤギと呼んだのだ。古くは野牛と書き居る。綿羊のみをヒツジと心得て、山羊を牛の類と心得たものか。『大和本草』十六にこれ羊の別種で牛の形と相類せずと弁じて居る。やや新しそうに思われたヤギなる称が明の時代すでに日本にあったと知ってより、ブタという名もそのころあった証拠はないかと血眼になって捜索すると、本願空しからず、とうとう見出だしました。それは『奥羽永慶軍記』二に、最上義光、延沢能登守信景の勇力を試みんとて、大力の士七人を選出す。「一番に裸か武太之助、この者鮭登典膳与力にてその丈七尺なり、今東国に具足屋なし。上方には通路絶えぬ。武具調うることなければ、戦場に出づるに素肌に腰指《こしざし》して歩《かち》にて出陣すれども、いつも真先を駆けて敵を崩さずということなし。本名は高橋弾之助英国といいけるを、素肌にて働くゆえ、人みな裸とは言うなり。あまた肥え脹《ふく》れしゆえ豕という獣に似たりとて豕之助と名づけしを、義光文字を改めて、武太之助と戯れける。」これがヤギと等しく、ブタという畜生の名が明の代すでに日本にあった証拠で、義光は、飯田忠彦の『野史』一六五によれば、大正十二年より三百九年前に当たる慶長十九年正月、六十九歳で死んだ。明の神宗の万暦四十二年に当たる。体が太った者をブタと名づけたのを見ると、肥え脹れたのを形容してブタブタと言う語も当時すでにあったらしく思わる。橘《たちばな》南谿《なんけい》の『西遊記《さいゆうき》』五に広島の町に家猪多し、形牛の小さきがごとく、肥え脹れて色黒く、毛禿《は》げて不束《ふつつか》なるものなり、京などに犬のあるごとく、家々町々の軒下に多し、他国にては珍しき物なり、長崎にもあれども少なし、これはかの地食物の用にする故に多からずと覚ゆ云々と記し、『重訂本草綱目啓蒙』四六には、長崎には異邦の人多く来る故に豕を畜《か》い置いて売るという。東都には畜う者多し。京には稀なりという。かくたまたま豚を多く飼う所もあったけれど、徳川氏の代を通じてわが邦に普遍せなんだ物で、明治四年頃和歌山市にただ一ケ所豚飼う屋敷あったを、幼少の吾輩毎日見に往ったほどである。

（乾元社版『南方熊楠全集・第一巻』に拠る）

思わず微苦笑を強いられるではないか。今日でも、ブタは、肥大漢、肥満児に対する蔑称として用いられる。

イノシシは、干支の中に取り入れられている動物だけに、日本人には親しまれてきた。源頼朝が富士山麓で催した巻狩りにおいて大イノシシを仕止めた仁田四郎の勇猛譚。京都の山奥の藪の中でイノシシを写生したところ、猟師に「死にかかっているイノシシ」とけなされ、腹を立てて確かめに行くと、はたして同じ場所に死んでいたという円山応挙の苦心譚。諺のたぐいにも「猪突猛進」「猪武者」などがあり、向こう見ずに行動する人間のたとえに使われているが、猟師にいわせると、これは間違いだそうである。イノシシは、どんなにフル・スピードで走っていても、前方に障害物を見つけたり、身辺に危険を感じたりすると、じつに見事に停止し、くるりと向きを変えるのだそうである。もっとも、日本最初のハイウェー名神高速道路の死亡第一号はイノシシ二頭だったというから、さすがのイノシシも自動車の猛スピードには敵《かな》わないのかも知れない。

犬 *(Canis familiaris)*

イヌは、家畜の中では、人間に最も親しい関係にある。家畜となったイヌ（畜犬）は、ウシおよびウマに次ぐ有用家畜として評価されている。また、イヌは、人間が野生動物の中から家畜として獲得した最初（最古と言い変えてもよい）の動物である。新石器時代に入って、野生のオオカミやヤマイヌが、人類によって馴養化《じゅんようか》されたことを、スイスの水辺杙工《よくこう》生活時代の初期（紀元前五〇〇〇年）の遺物などから知り得る。大ざっぱにいって、新石器時代になってから、世界各地において、イヌが最初の家畜として登場することになる。日本でも、新石器時代に当たる縄文文化の遺跡の中に、最初の家畜としてのイヌが出現する。

それならば、わが国石器時代の犬はどのようにして出現したか。長谷部言人は、解剖学的見地に立って、ヨーロッパの埣犬《さいけん》（ラテン名Canis familiaris Palustris, Jeitteles に対して、長谷部言人が付けた訳語。ドイツ語のTorfhundに該当する）と比較し、北海道から琉球に至るまで全国的に発見せられている本邦石器時代の犬骨について、「彼等を綜合するときは、少くとも頭骨及び下顎骨に於いて、埣犬の中に包含されてゐるのである。恐らく両者は殆んど同時代、若しくは多少時を前後にして、欧亜両大陸、殊にその南部及び沿海諸島住民に、好んで飼用された同種類の分派であらう。その如何なる方面より日本に携へ来られしやは、疑問であるが、一般に我石器時代犬に於いて、矢状櫛の強き傾向あるは、北露ラドガ湖附近より発見されたる、ラドガ埣犬及びイノストランシェウ犬の矢状櫛強く、後頭髁の突出せるに類似し或は大陸より朝鮮半島を経て、輸入されたのではあるまいかなどとも想像される」（『先史学研究』）と述べている。この説はおおむね正しいと思われるが、家犬の祖型が多元的であることを勘考すると、日本においても、段階的にイヌの家畜化の過程が辿られたのではないかとも推量される。

もちろん、一方において、大陸から絶えず新しい品種の家犬が輸入されたことも事実である。由来、中国においては、イヌがたいへん貴重視されており、王侯たちが猟犬および愛玩用《ペット》として偏愛した記事は正史の随処に見られる。日本列島においては、中国ほどには貴重視されなかったが、権力レヴェルで良犬が輸入されたことは記録に残る。内田亨『犬―その歴史と心理―』は、貢物としての犬狗渡来の跡をつぎのように整理してくれている。

仁徳天皇四十六年（三五八年）百済より、養鷹者、養犬者と共に、黒駮《まだら》の鷹犬（養鷹記）（これは東晋の時代故、六朝時代）

天武天皇八年十月（六八〇年）新羅より、馬、狗、騾、駱駝之類十余種（日本書紀）

天武天皇十四年五月（六八六年）新羅より、馬二疋、犬三頭、鸚鵡二隻、鵲二隻（日本書紀）
朱鳥元年（天武帝）四月（六八七年）新羅より、細馬一疋、騾一頭、犬二狗其他（日本書紀）
天平四年（聖武天皇）五月（七三二年）渤海より、蜀狗一口、猟狗一口（続日本紀）
天長元年（淳和天皇）四月（八二四年）渤海より、契丹大狗二口、猤子二口、神泉苑に行幸あり、渤海大狗をして、苑中の鹿を逐はしむ（類聚国史）
承和十四年（仁明天皇）九月（八四七年）入唐僧慧雲、孔雀一、鸚鵡三、狗三を献ず（続日本後紀）
寛平二年（宇多天皇）（八九〇年）呉国より雛虎一頭と払菻狗二頭（八犬伝による、出処不明）

（同書、本邦における犬と文化史）

これらの記事について、内田亨は、「このやうに、犬狗が貢物とされてゐるのであるが、本邦では、これ等の輸入犬について、特別の記事もなければ、また本邦の犬についても、殆んど関心は払はれていない」と述べている。おそらく、そのとおりだったと思う。

さて、文学作品を中心に見ると、イヌが最初に登場するのは、『日本書紀』神代下第十段（海幸山幸の物語）の一書第二に、「兄縁二高樹一。則潮亦没レ樹。兄既窮途《せまりて》、無レ所二逃去一。乃伏罪曰、吾已過矣。従レ今以往、吾子孫八十連属、恒当為二汝俳人一。一云《あるにいはく》、狗人《いぬひと》。請哀之《こふかなしびたまへ》。弟還出二涸瓊《しほひのたま》一、則潮自息。於是、兄知三弟有二神徳一、遂以伏二事《したがふ》其弟一。是以、火酢芹命《ほのすせりのみこと》苗裔、諸隼人等、至レ今不レ離二天皇宮墻《みかき》之傍一、代吠狗而《よよにほゆるいぬして》奉事者矣。」というくだりである。これは、宮廷の警護に当たった隼人《はやと》に管理された伝承であろうが、「吠狗而」というのは、隼人がイヌのような吠声を発して、国境や山川道路などにいる邪霊を威嚇して追い払う役をつとめたのをさしている。「狗人」というのは、イヌのようにして、またイヌに代わって、宮殿を守衛する役ということになる。イヌが家の守りについていた事実のみは、一定限度内で反映していると思われる。『万葉集』からも、その事実を知ることができる。

赤駒の　厩を立て　黒駒の　厩を立てて　そを飼ひ　わが往くが如　思ひ妻　心に乗りて　高山の　峯のたをりに　射目《いめ》立てて　猪鹿《しし》待つが如　床敷きて　わが待つ公を　犬な吠えそね（巻第十三、三二七八）

反歌

葦垣の末かき別けて君越ゆと人にな告げそ事はたな知れ（同、三二七九）　作者不詳

家の守らについているワン公よ、わたしたちの恋の邪魔だてをするんじゃないよ、の意である。他に、『万葉集』には、猟犬としてのワン公の歌も見えている。

垣越ゆる犬呼び越して鳥猟《とがり》する公《きみ》　青山のしげき山辺に馬息《やす》め公（巻第七、一二八九）　柿本人麻呂

景戒《きょうかい》の『日本霊異記《にほんりょういき》』は、弘仁一三年（八二二）に成立した最古の仏教説話集だが、その上巻「非理奪二他物一為二悪行一受レ報示二奇事一縁　第三十」を見ると、膳臣広国が地獄に行って亡妻と亡父とに逢った体験譚を描写している。そして、その父が語ることに、「汝、忽に我が為に仏を造り経を写し、罪苦贖《あがな》へ。慎々《ゆめゆめ》忘るること莫かれ。我飢ゑて、七月七日、大蛇と成りて汝が家に至り、屋戸《やど》に入ら将《む》とせし時に、杖を以て懸け棄《う》てき。又《また》五月五日、赤き狗《いぬ》に成りて汝が家に至りし時、犬を喚びて相《あ》はせ、唯《ただ》追ひ打ちしかば飢ゑ熱《あつし》れ還りき。我、正月一日、狸《ねこ》に成りて汝が家に入りし時、供養せし宍《しし》、種《くさぐさ》の物に飽く。是《ここ》を以て三年の粮《かりて》を継ぐ。我、兄弟上下の次第无《な》くして理を失ひ、犬と成りて噉《くら》ひ、自ら汁を出す。我、必ず赤き狗《いぬ》に成る可し。」と言ったとある。広国のこの説話は、後に

『扶桑略記』や『今昔物語集』に引用されているが、死んだ父親が生き返って動物となって再来するこの部分は、猫《ねこ》に関する最古の文献としても名高い。正月一日、仏にそなえた供養の獣肉や種々の食物を腹いっぱい御馳走にあずかるネコに対して、イヌは、戸外において侵入者を防ぐ役目を負わされているだけだったことがわかる。

『枕草子』にも二十八段に「しのびてくる人見しりてほゆる犬」と見え、『源氏物語』浮舟の巻に「夜はいたくふけゆくに、このものとがめする犬の声絶えず。人々追ひ退《さ》けなどするに」と見える。『文徳実録』（八七八年完成）を見ると、貴族間に鷹犬の飼養が盛んであったことを知り得るし、『三代実録』（九〇一年成立）を見ると、宮中において、穢忌観念から犬の飼養が神事の妨げと見られたにもかかわらず、なお犬がたくさん飼われたことを知る。『御堂関白記』にも、犬のお産や、犬の死のけがれの記事が見えるし、一方、犬に食われて死ぬ者もかなりあったらしくうかがわれる。藤原道長個人が犬好きであったせいもあろうが、平安時代には一般に「犬は小神通《こじんづう》のものなり」として不思議がられていた風潮も広まっていたためでもある。そのことは、後年になって一条兼良が撰述した『東斎随筆』所収の王朝時代説話によって証明せられる。

『東斎随筆』に触れた序《つい》でに紹介しておきたいが、平安時代から室町時代ごろまでに書かれたり編まれたりした説話集のなかに、前世の犬が今生《こんじょう》で人間に生まれ変わった物語が頻繁にあらわれてくるが、それらの大半が中国典籍の焼き直しに過ぎないことを、南方熊楠『十二支考』所収「犬に関する伝説」は極めて明快に分類《クラシファイ》づけしてみせてくれている。「和泉堺のある寺の白犬勤行《ごんぎょう》の時堂の縁に来て平伏したが餅を咽《のど》に詰めて死し、夢に念仏の功力《くりき》で門番人の子に生まると告げ果して生まる。和尚夢を告げて出家をするに一を聞いて十を知ったが生来餅を嫌う、因って白犬と呼ばるるを忌み、十三の時強いて餅に向うたがたちまち座を外《はず》して見えずと（『諸国里人談』五）。『中阿含経』に白狗が前世にわが児たりし者の家に生まれ、先身の時蔵《かく》し置いた財宝を掘り出す話あり。その他類似の談が仏典に多いから、伝えて日本にもそんな物語が輩出したのだ。」——よく聞かされる〝日本のこころ〟談も、外国起源のものが多い。本来、〃こころ〃には日本産も外国産も無いはずだから、そうと判《わか》っても、別に落胆《がつかり》するには当たらぬと思う。

さて、鎌倉時代に入ると、武士たちの間に「犬追物」という競技がおこなわれる。これは、馬にのった射手がイヌを射殺するのであるから、イヌのほうからすれば、たいへん迷惑なゲームである。人間からみても、たいへん残虐なゲームである。こういうゲームが「尚武質朴」な鎌倉武士の騎射技芸として喜ばれたのだから、新社会創造のエネルギーの表出ということは認めざるを得ないにしても、他面、野蛮まるだしに近い、忌まわしい時代だという気がする。また、同じ時代、「犬合《いぬあわ》せ」というゲームもおこなわれた。『増鏡』や『太平記』を見ると、北条高時はこの「犬合せ」の大のファンだったと書かれている。「犬合せ」は、一名「犬喰《いぬぐ》ひ」ともいい、要するに闘犬である。『太平記』は「心なき人は是をみて、あら面白や、只戦に雌雄を決するに異ならずと思ひ、智ある人は是を聞きて、あな忌々しや、偏に郊原に尸を争ふに似たりと悲しめり。見聞の準《なぞら》ふる処、耳目異なるといへども、その前相、皆闘諍死亡の中にあって、浅猿《あさま》しかりし挙動なり」と批評している。ところが、闘犬は、その後も日本全国でおこなわれた。人間とイヌとの関係が、こんなあさましいものだったとは、考えただけでも暗い気持になる。

『徒然草』の作者は、犬には相当に関心があったと見えて、繰り返し犬のことを書いている。そして、兼好法師によって示された犬のはたらきや、犬の性質や、犬に関する物語は、日本人の生活や感情の中に占める犬の位職を集約してくれているようでもある。

まず、番犬としての犬の役目について見ると――

養ひ飼ふものには、馬牛。繋《つな》ぎ苦しむるこそいたましけれど、なくてかなはぬものなれば、いかゞはせん。犬は、守り防ぐつとめ、人にも勝りたれば、必ずあるべし。されど、家ごとにあるものなれば、殊更《ことさら》に求め飼

犬追物
「月次風俗図屏風」部分
室町時代、東京国立博物館蔵

はずともありなむ。その外の鳥獣、すべて用なきものなり。（第百二十一段）

荒れたる宿の、人目なきに、女の憚る事ある比《ころ》にて、つれ〴〵と籠り居たるを、或人、とぶらひ給はんとて、夕月夜の覚束なきほどに、忍びて尋ねおはしたるに、犬のこと〴〵しくとがむれば、下衆女《げすをんな》の出でて、『いづくよりぞ』と言ふに、やがて案内《あない》せさせて入り給ひぬ。（第百四段）

つぎに、犬の性質として、人によくなついていること、習慣に馴れやすいことを指摘している。その例として、

何阿弥陀仏とかや、連歌しける法師の、行願寺《ぎやうぐわんじ》の辺《ほとり》にありけるが、聞きて、ひとりありかん身は、心すべきことにこそと思ひける比《ころ》しも、或所にて夜更《よふ》くるまで連歌して、たゞひとり帰りけるに、小川の端《はた》にて、音に聞きし猫また、あやまたず足許へふと寄り来て、やがてかきつくまゝに、頸のほどを食はんとす。肝心《きもこころ》も失せて、防がんとするに力もなく、足も立たず、小川へ転《ころ》び入りて、「たすけよや、猫また、よやよや」と叫べば、家々より松どもともして、走り寄《よ》りて見れば、このわたりに見知《し》れる僧なり。「こは如何に」とて、川の中より抱《いだ》き起《おこ》したれば、連歌の賭物《かけもの》取《と》りて、扇・小箱など懐《ふところ》に持ちたりけるも、水に入りぬ。希有《けう》にして助かりたるさまにて、這《は》ふ〳〵家に入りにけり。飼ひける犬の、暗けれど主《ぬし》を知りて、飛び付きたりけるとぞ。（第八十九段）

小鷹《こたか》によき犬、大鷹に使ひぬれば、小鷹にわろくなるといふ。大につき小を捨つる理《ことわり》、誠にしかなり。人事《にんじ》おほかる中に、道をたのしぶより気味《きみ》ふかきはなし。これ、実《まこと》の大事なり。一たび道を聞きて、これに志《こころざ》さん人、いづれのわざか廃《すた》れざらん。何事をかいとなまん。おろかなる人といふとも、かしこき犬の心におとらんや。（第百七十四段）

つぎに、中世のひとびとの間で犬が何らかの物語の主導役を演じていたという例として――

人におくれて、四十九日の仏事に、或聖《ひじり》を請《しやう》じ侍りしに、説法いみじくして、皆人、涙を流しけり。導師帰りて後、聴聞《ちやうもん》の人ども、「いつよりも、ことに今日は尊く覚え侍りつる」と感じ合へりし返事に或者の云はく、「何とも候へ、あれほど唐《から》の狗《いぬ》に似候ひなんうへは」と言ひたりしに、あはれも醒めてをかしかりけり。さる導師のほめやうやはあるべき（第百二十五段）

雅房大納言は、才《ざえ》賢く、よき人にて、大将にもなさばやとおぼしける比《ころ》、院の近習なる人、「ただ今、浅ましき事を見侍りつ」と申されければ、「何事ぞ」と問はせ給ひけるに、「雅房卿、鷹に飼はんとて、生きたる犬の足を斬り侍りつるを、中墻《なかがき》の穴より見侍りつ」と申されけるに、うとましく、憎くおぼしめして、日来《ひごろ》の御気色も違《たが》ひ、昇進もし給はざりけり。さばかりの人、鷹を持たれたりけるとは思はずなれど、犬の足は跡なき事なり。虚言《そらごと》は不便なれども、かかる事を聞かせ給ひて、憎ませ給ひける君の御心は、いと尊き事なり。（第百二十九段）

犬が物語の主導役を演じたといえば、『桃太郎』や『花咲か爺《じじ》い』などのお伽話には、わがイヌ君は無くて適《かな》わぬ役柄につく。中国からの輸入品である『里見八犬伝』などは例外としても、日本の昔話にイヌが多数登場することに注意を向ける必要がある。それと同時に、〈犬公方《いぬくぼう》〉の称号に象徴されるように、頽廃的文明の時代にはきまって犬の飼育が盛んになることにも眼を向ける必要がある。

五代将軍綱吉が貞享四年（一六八七）に発した「生類憐之令《しょうるいあわれみのれい》」の行き過ぎが、多くの人民を苦しめたことは有名である。イヌに食いつかれて、身を護るため反射的にイヌを殺し、切腹を命ぜられたとあっては、本末顚倒もその極に達した観がある。悪政であったことは明白である。しかし、犬公方については、動物学者からは、別の評価も出ているから、皮肉なものである。すなわち、内田亨前掲書は「綱吉将軍の生類憐之令は、人民にとって煩ひであったのみならず、犬にとっても、必ずしも好ましいことではなかったらうと推察される。しかし当時諸名主をして煩はした御犬毛付帳は、簡単ながら、その当時の街の犬の毛色や耳の工合などが伺ひ知られるのは、怪我の功名といふべきである。」と述べている。〝昭和元禄〟と呼ばれて、現代においても一種度外《どはず》れとも謂うべき〝犬ブーム〟が現出されているけれども、この現象もまた、何十年か何百年かあとになると、同じように「街の犬の毛色や耳の工合」を知らせる史料を残し、同じように「怪我の功名」になるのであろうか。

——概して、イヌは、日本人には可愛《かわい》がられつづけているが、これは、この動物にとっては幸運であった。第一に〈化け物《ばもの》〉〈魔物《まもの》〉の範疇《カテゴリー》から外《はず》してもらえたことは、ネコやキツネやタヌキと較べて、条件がいい。中国では、『捜神後記《そうじんこうき》』や『広異記』をみれば明瞭であるように、イヌに、人間を誑《たぶら》かす霊的能力があるように信じられていた。だが、日本では、化け猫や魔猫というのはあっても、化け犬とか魔犬とかいうものは殆ど全く存在しない。『今昔物語集』本朝世俗部をみると、犬のおかげで絶好の蚕糸を授かったり、犬のおかげで蛇に喰われるのを助けられたりするコントが載っており、イヌといえば人間に善報をもたらす動物であると信じられてきた。郷土玩具によくある犬張子《いぬはりこ》も、福運を招く縁起物《えんぎもの》の要素が強いし、もう一つ、安産祈願の呪物としての要素も強い。こんにちでも、妊娠五ヶ月目におこなう帯祝いには、わざわざ「戌《いぬ》の日」を選ぶ習慣が廃れずに残っているが、もともとは、イヌの安産にあやかりたいというほどの単純な理由＝動機が斯かる全国的民俗をつくったのであろう。「犬供養といつて犬が難産で死ぬと人の産も重いと云つて卒都婆を立てて厚くこれを葬ることが関東の村々では行はれてゐます。」（大藤ゆき『児やらひ』帯祝）という習俗も、同一の根拠に基づく。別《べつ》して深い理由はないはずである。

たぶん、現在でも、日本人とイヌとの関係の親密ぶりは、嵩《こう》じることはあっても、ゆめ衰退することは無いであろう。眼前の〝ペット・ブーム〟を以て、日本人のやさしい心根《こころね》のあらわれであると解説《コメント》する論者が、圧倒的に多い。しかし、ペットを可愛がる風俗や社会心理こそ「軈《やが》て克服されるべき生活態度の凝結体」であると、十九世紀の最終年に然く宣言したアメリカ最大の進歩主義経済学者ヴェブレンに、われわれが想いを致《いた》すことも、必ずしも無駄ではないとおもう。あの著名なるヴェブレン『有閑階級の理論』Veblen, Thorstein : *The Theory of Leisure class*, 1899. 第一章緒論の劈頭数行に、この尖鋭なる理論書の全主題が凝結集約されてある。「有閑階級（leisure class）の制度がもっともよく発達しているのは、たとえば封建時代のヨーロッパや封建時代の日本のような野蛮文化の比較的高い段階のばあいである。そのような国では、諸階級のあいだの区別がきわめて厳重にまもられる。そして、これらの階級間の差別の、もっとも際立った経済的意義をもつ特徴は、いくつかの階級に固有な職業のあいだにたもたれる区別である。上層階級は慣習上、生産的職業から免除、もしくは除外され、ある程度の名誉をともなう特定の職業のために留保される。すべて封建社会の名誉ある職業のうち主要なものは、戦争である。そして僧侶の職務が、多くのばあい、戦争の次位にくる。」（訳文は小原敬士〈岩波文庫版〉に拠る）と。有閑階級の職業は政治・戦争・宗教儀式およびスポーツの四方面の活動に限られるが、それぞれには付随する下部的（＝下層階級担当）職業が配置されている。さて、第六章趣味の金銭的な基準のチャプターに至ると、有閑階級の衒示的浪費が世間的対面・敬神の儀式・神殿の建築・美術品愛好・庭園管理・植物愛・動物愛というふうに細部化されることを説き、特に動物のなかでも猫・犬・競走馬が高い価値を有することが論ぜられる。特に犬については、次のごとく述べる。「犬は、特殊の気質をめぐまれているという点ばかりでなく、実用的でないという点でも長所をもっている。犬はしばしば、すぐれた意味で、人間の友といわれており、その知性と忠誠心がたたえられる。これは、犬は人間の忠僕であり、また、無条件に従順で、主人の気分を察するのに奴隷のようにす早いという性質をもっていることを意味する。このような性癖は、犬を身分関係にふさわしいものたらしめるものであり、またそれは、現在の目的のためには、有用な性癖とみなされるべきものであるが、犬は、このような性癖とともに、その芸術的価値がやや疑わしいある種の特性をもっている。犬は、家畜のうちでその恰好がいちばんきたなく、その習慣がいちばん意地きたない。そのために、犬は、その主人にたいしては忠実で尾をふるような態度をし、他のあらゆるものにたいしては、いつでも害や怒りを加えることによって、その埋め合わせをする。だから犬は、われわれの主人顔をしたがる性向を満足させることによって、われわれのごきげんをとりむすぶ。また犬は、金のかかるものでもあり、多くのばあい、なんら生産的な目的に役立たないものであるから、ひとびとが、よき世評の物件とみとめるもののなかで、十分に確実な地位をたもっている。それと同時に犬は、われわれの想像のなかで、狩猟――ひとつの価値ある仕事であり、名誉ある掠奪本能のあらわれ――とむすびついている。／このような有利な基礎の上に立っているために、犬がもっている形や動作の美しさや、好ましい精神的な性癖はすべて習慣的に是認せられ、賞讃される。そして、犬道楽のひとによってグロテスクな変形にそだて上げられた犬の種類さえも、多くのひとによって、けっこう美しいものと考えられる。このような種類の犬は――その他の愛玩動物についても同じことがいえるが――ほぼそのグロテスクな程度により、またその変形が特定のばあいに示す特殊の形が不安定である程度によって、美的価値の点で等級がつけられる。当面の目的からみると、このように形態のグロテスクの程度や不安定の程度によって効用が異なることは、それだけ稀少であり、またしたがって高価であるという基準に還元することができる。」――斯くまで物事の核心に迫る議論を展開されては、もはや、われわれには反駁の余地は無い。現代の愛犬ブームも、有閑階級に固有の制度的＝経済的思考の産物であり、或るときふと目覚めてみると当該産物は恐るべきグロテスクな形態を呈していると気付かされる。チェンバレン『日本事物誌』Chamberlain, Basil Hall: *Things Japanese*, 1890. のなかで最も特異な項目「狆《ちん》(Pug-dogs)」に事寄《ことよ》せて、英国の偉大なる言語学＝民族学者が何を言いたかったか、とい

85　犬

司馬江漢「美人納涼図」部分
明和末～安永初年、神戸市立博物館蔵

う謎も、いまや漸《ようや》く解けかかってくる。「狆は日本のパッグ〔狆の一種〕で、か弱く臆病な小動物である。一般に黒と白の斑《ぶち》で、重量は子猫ほどにすぎない。ぎょろぎょろした目玉があり、ガラス製のはじき玉のように突き出ている。もし生まれた時に鼻が充分に低くないと、それは手で押しつけられる。もちろんこのやり方では鼻の通りが少し悪くなるから、この動物の多くは絶えずくしゃみをする癖が出てる。『あの女は狆がくしゃみをしたような顔をしている』という日常表現は、特に醜い顔の女を指していう。きわめて体質が繊弱であるから、取扱いには細心の注意を要する。〈中略〉狆の原産地は明瞭ではない。しかし、たぶん中国の狆の子孫であって、琉球経由で輸入されたものらしい。というのは、この品種は南方の薩摩に源を辿ることができるからである。現存する違った品種は、他の小さな犬と交配させることによって生じたものであろう。飼育者はよくこの手段を用いる。なぜならば、この品種は余りにも繊弱なので、他の丈夫な品種のものから補強されないと、幾世代も自力で繁殖できないからである。」（訳文は高梨健吉〈平凡社東洋文庫版〉に拠る）。日本の狆はグロテスクであり醜悪であり、おまけに弱っぴいで繁殖力も無い、まず殆ど取柄《とりえ》の無い品種なのに、《稀少性》ゆえに高値で取り引きされて畜犬業界のトップ商品の地位に在るが、こういうことは不合理ではないか、とチェンバレンは暗《あん》に風喩《ふうゆ》しているのだ。このチェンバレンの日本文化論の傍らに、前掲ヴェブレンの愛犬ブーム現象批判論を置くとき、すべてが井然《せいぜん》たる論理として捕捉し得る。

イヌの語源について考えてみよう。『日本釈名』は「犬《イヌ》　いぬる也。主人になづきてはなれぬ物也。故に他所に引よせて、よき食《ママ》を飼《ママ》へども、もとの主人の所へいぬる也」と説明している。『東雅』は「犬　ヱヌ　倭名鈔に爾雅集注を引て、狗はヱヌ、与レ犬同と注せり。ヱヌ亦転じてイヌといひし也。義並不レ詳。」「イヌといふ語を引結びて呼びぬれば、ヱといふ也。ヌといふは詞助なるべし」と説明している。『和漢三才図会』は、明の李時珍『本草綱目』をそのまま記載して、「本綱、狗叩也、吠声有節、如叩物、犬字象巻尾懸蹄之形」と説いている。『和訓栞』には「家に寝るの義なるべし、夜を守るものなり」とあり、『大言海』には「いぬ　犬狗鳴声カ　わんわん、いさむ、あさむ(諌)」とある。現代の音声学からすれば、もともと鳴声に由来した漢語「ケン」Khemが、hen, en, emn, innと転化したと考えるのをもって、最も無理のない語源論とする。もちろん、一仮説に過ぎないが。

狸《たぬき》

(Nyctereutes procynoides viverrinus)

タヌキは、東アジア(日本、朝鮮半島、中国)にかぎって棲息する食肉目、イヌ科の小動物であるが、今日では日本以外の国では滅多に見られなくなってしまった。頭胴五〇センチメートルないし七〇センチメートル、毛が長く立っているため、実際よりもずっと太って見える。尾は総《ふさ》状で短く太く、耳は丸く、目のふちには独特のくまどりがある。四肢は黒褐色であるが、その他の部分は淡い黄褐色または灰褐色で、肩に不明瞭ながら十字形の斑紋がある。四肢《しし》や足の力は、他のイヌ科の動物に比べて弱い。北海道から九州までの平地や低山にすみ、人家に近い古寺や古社の床下などに穴居していることがある。キツネなどよりはるかに警戒心が少ないので、人間の目にふれる機会が多い。しかし、日本で最大のタヌキ天国である山口県防府市向島《むこうじま》の「天然記念物狸の生息地」でさえ、大正十五年二月二十四日にその指定を受けたころには約二万匹もいたというのに、現在では二〇〇匹未満に激減してしまっている。文字どおり、たぬきは〈世界の珍獣〉となった。

タヌキの生態および活動として特記すべきことは、自分では穴を掘らず、たいていはアナグマ(マミダヌキ)の穴に同居し、そうでないときには既成の木のほらや岩穴にすむ、といったように極めて横着な性質だという点である。そして、昼間はほとんど眠っており、夜になると餌を求めて動きだす。好物は小鳥、魚、カエル、カニ、ミミズ、ヘビ、昆虫などの動物らしいが、サツマイモやトウモロコシなどの植物のほか、ビワ、カキ、ナシ、ブドウなどの果物も好む。したがって、木登りも水泳も上手である。三月ごろが交尾期で、五月ごろ五、六匹の子を産む。子供は翌年まで一緒に行動する。冬眠はごく軽いもので、暖かな日には目をさまして外を出歩く。非常に驚いた場合に、容易に仮死の状態になって、人の目をあざむくが、ここらが〈化ける〉ということの正体なのかもしれない。タヌキの肉は異臭が強くてまずく、一般に狸汁《たぬきじる》として賞味されているのは、タヌキとまちがえられてアナグマの肉が混入したものである。アナグマは冬眠するので、冬は脂肪がのって美味である。タヌキは、地方によってはムジナと呼ばれるが、タヌキがアナグマをさす方言として用いられる場合もあり、名称ということになると、かなり混乱を来たしている。(ついでに記せば、英語badgerは、アナグマのことであって、タヌキではない。タヌキには、りっぱに“tanuki”という見出し語が授与されているのである)。

さて、タヌキというと、日本の民衆は、昔から、この動物に〝化《ば》ける〟能力を付与し、勝手に恐れたり忌《い》み憚《はばか》ったりしてきた。もともと、タヌキが化けるという考えは、中国の民間信仰の輸入だったかもしれない。じっさいに、タヌキとキツネ(両者は同一視された)が、東アジアの原始宗教のシステムのなかで役割を果たした痕跡も認め得る。それで、なんとも断定的な答えをさしだすことはできないが、あえて〈化《ば》ける〉タヌキ、〈化《ば》かす〉タヌキに合理的な説明を求めるとすれば、つぎのような記述にいちばん納得がゆく。それは、今泉吉典の「狸寝《たぬきね》入り」の項の説明である。

ある。銃で射つと、ころりと倒れてしまい、うんともすんともいわない。さては一発で命中したかと得意になって、一服やっていると、いつの間にか姿を消してしまう、というようなことがよくある。そのため、タヌキはずるいやつだ、死んだふりをしてだます、と思われる。これに尾鰭《おひれ》がついて、タヌキは人を化かすということになったのではあるまいか。しかし、タヌキは、死んだふりや眠ったふりをするわけではない。非常に驚くと、すぐに仮死の状態に落ち入るのである。どこか神経系に異常があるのであろう。タヌキはイヌ科の動物で、イヌ・キツネ・オオカミなどと親類に当るが、それらの中では一番原始的で、進化していない種類である。知能もイヌやキツネにくらべれば、はるかに低いから、とても人を化かすことなどできない。」（岡田要監修『動物の事典』、タヌキ）という記述である。タヌキが、イヌ類のくせに冬眠したり、イヌ類に追いかけられるとすぐに木に登って難を避けたり、というふうに、食肉獣のなかでももっとも原始的な類であるところをみると、かえって、むこうのほうが、人間を何かの化け物と思っているのではなかろうか。

さて、文献的に、日本のタヌキを追ってみよう。——

『日本書紀』推古天皇三十五年に「春二月陸奥有貉《うじな》、化人以歌」と見えて以来、日本の昔話やわらべ唄の中には、しばしばタヌキが登場する。しかし、タヌキは、同じ〈化け仲間〉でも、キツネに比べると、おっとりしていて、ずる賢くない。ようするに、間が抜けていて、へまばかり演ずる、愛嬌たっぷりな役者なのである。「かちかち山」の意地悪狸は、泥舟の沈没で溺れ死んでしまうが、陰惨な因子はどこにもない。「分福《ぶんぶく》茶がま」のユーモラスな狸は、子供たちのよき友でさえある。「証誠寺《しょうじょうじ》の狸ばやし」にいたっては、グループサウンズの大先輩たる風格を帯びている。狸ばやしの説話は、タヌキがたいてい家族連れや友だち同士で二匹以上の集団行動をとるところから生まれたものであろう。また、狸の腹つづみは、タヌキが月夜によく出歩く習性をもっているので、その足音を鼓《つづみ》の音と聞きちがえたか、もしくは、仕止めたタヌキを吊るしておくと、悪食のために腹内のものが醗酵してぽんぽんにふくれるので、そこから腹つづみの連想を得たか、まずそのような推論をひきだすことができよう。いずれにしても、タヌキは、古くから動物説話ちゅうの重要なタレントであった。

『夫木和歌抄』雑に狢《たぬき》として、

人住まで鐘もおとせぬ古寺にたぬきのみこそ鼓うちたれ　寂蓮法師

葛飾北斎「狐狸図」部分
江戸時代後期、萬野美術館蔵

という歌が見え、中世のころには、〈幽玄〉探究の一役《ひとやく》さえになうまでになっている。これには、タヌキもきまりの悪い思いをしたろうが、最も原始的な動物であることを考えれば、〈幽玄〉と関わりなくもないかもしれぬ。

ついで寛正五年の『糺河原勧進猿楽日記』の狂言のなかに「腹鼓」があり、同じ時代の宗鑑の『犬筑波』にも、つぎのごとき附句が見える。

下手猿楽に似たる化物
拍子にも合はぬ狸の腹鼓

柳沢淇園の著作とされる『雲萍雑志』巻之四に「○狐は奸智ありて疑ひ多き故に、かれがよこしまにひがめる性《さが》を忌みて人愛せず。狸は癡鈍にして暗愚なれば人も憎まず。予筑紫にまかりし頃、ある寺にやどりける夜、あるじの僧の『あれ聞きたまへ。今宵は月のさやけさに、狸どものあつまりに腹つゞみうつなり』といふに、耳をすませばその音はるかに響けり。砧《きぬた》のおとにやあらんとうたがへば、左にもあらず。向ひたる岡のこなたに一むらの藪ありて、他には人家なし。狸どもそこにあつまりゐて打つなり。……あくる日行いて見侍《みはべ》るに、はたして人家は絶えてなかりし地《ところ》なり。太平の民は鼓腹《こふく》すなど古語にもいへば、腹つゞみはめでたきためしにや。」と見える。江戸時代の黄表紙の外題《げだい》には「親敵討腹鼓《おやのかたきうてやはらつづみ》」のごときものさえあらわれている。

松葉軒東井編『譬喩尽《たとえづくし》』の「た之部」を見ると、「狸寝入りす」「狸鼓を打てば猫魔《ねこまた》舞ふ」「狸は狐と違ひ人を威《おど》す耳《のみ》不レ為レ怨」「狸とも婆《ばば》とも見えぬ一軒家《いつけんや》」「狸の睾丸《きんたま》八畳敷ひろがる」などがある。タヌキは、やはり本当に化けると信じられていたようである。

もっとも、石器時代の遺跡からはタヌキ、エゾタヌキの遺骨が多数出土しており、縄文人にとっては、格好の狩猟対象であったにちがいないのだから、日本のタヌキもユーモアをふりまいてばかりはいられなかった。

また、狸毛《たたげ》が毛筆の材料として珍重されていたことも確かである。『続修東大寺正倉院文書』天平宝字三年六月二十八日の記事のある紙背に「銭五貫七百二十三文。…十文題料狸毛筆一管直。」と見え、空海の『性霊集《しょうりょうしゅう》』巻第四の弘仁三年六月七日の項には「奉二献筆一表一首／狸毛筆四管真書一行書一草書一写書一」と見える。とすると、タヌキは、日本の書道史のためにも随分な貢献を果たしたことになる。

蛙 (*Anura*)

カワズ（カエル）は、土の中や水の底にもぐって冬眠しているが、春になると冬眠からさめて卵を産む。一番に冬眠からさめるのはアカガエルで、二月ごろ出てきて水溜まりや池に卵を産み、産卵が済むとふたたび土にもぐって冬眠を再開し、初夏のころまで姿を現わさない。二番手は蟇（ガマ・ヒキガエル）で、二月末から三月にかけて、水溜まりや池に何百と集まって、長い紐状の卵を産む。三番手は殿様蛙（トノサマガエル）で、三月中旬に姿を現わす。そして、五月過ぎてから雨蛙（アマガエル）、青蛙（アオガエル）、河鹿蛙（カジカガエル）が姿を現わす。

日本のカエルは全部で二十九種類あるが、そのなかで一番の美声は、カジカガエルである。これは本州、四国、九州の山間の岩の上にすんで、五月から八月上旬の立秋のころまで鳴きつづけるが、温泉地の熱湯の流れるところでは二〜三月から鳴きはじめる。カジカの語源は、やはり「河の鹿」と考えてよいのであろう。秋のシカ（鹿）の声に似ている。『万葉集』のカワズ（カエル）はカジカだったろうと言われているが、カエル一般をさしていると解しても、必ずしも不都合はない。

さて、蛙の鳴きごえは、古来、日本人に親しまれてきたものだったらしい。『万葉集』には、つぎの作例がある。

神岳《かむをか》に登りて山部宿禰赤人の作れる歌一首

三諸《みもろ》の　神名備《かむなび》山に　五百枝《いほえ》さし　繁《しじ》に生ひたる　樛《つが》の木の　いやつぎつぎに　玉葛《たまかづら》　絶ゆることなく
ありつつも　止まず通はむ　明日香の　旧き京師《みやこ》は　山高み　河とほしろし　春の日は　山し見が欲《ほ》し
秋の夜は　河し清《さや》けし　朝雲に　鶴《たづ》は乱れ　夕霧に　河蝦《かはづ》はさわぐ　見る毎《ごと》に　哭《ね》のみし泣かゆ　古思
へば（巻第三、三二四）

今日もかも明日香の河の夕さらず河蝦《かはづ》なく瀬の清《さや》けかるらむ（同、三五六）　上《かみの》古《こ》麻《ま》呂《ろ》

車持朝臣千年の作れる歌一首

うまこり　あやに羨《とも》しく　鳴る神の　音のみ聞きし　み芳野の　真木立つ山ゆ　見降《みおろ》せば　川の瀬海に
明け来れば　朝霧立ち　夕されば　河蝦《かはづ》鳴くなへ　紐解かぬ　旅にしあれば　独して　清き川原を　見
らくし惜しも（巻第六、九一三）

河蝦《かはづ》鳴く清き川原を今日見ては何時《いつ》か越え来て見つつ思《しの》ばむ（巻第七、一一〇六）　作者不詳

河蝦《かはづ》鳴く甘南備河《かむなびがは》に影見えて今か咲くらむ山振《やまぶき》の花（巻第八、一四三五）　厚《あつ》見《みの》王《おおきみ》

河蝦《かはづ》鳴く六田《むつた》の河の川楊《かはやなぎ》のねもころ見れど飽かぬ河かも（巻第九、一七二三）　絹《きぬ》

河蝦《かはづ》鳴く吉野の河の瀧《たぎ》の上《うへ》の馬酔木《あしび》の花ぞ地《つち》に置くなゆめ（巻第十、一八六八）　作者不詳

蝦《かはづ》を詠める

み吉野の石本《いはもと》さらず鳴く河蝦《かはづ》うべも鳴きけり河を清《さや》けみ（巻第十、二一六一）　作者不詳

神名火の山下響《とよ》み行く水に河蝦なくなり秋といはむとや（同、二一六二）　作者不詳
草枕旅に物念ひわが聞けば夕片設《ゆふかたま》けて鳴く河蝦かも（同、二一六三）　作者不詳
瀬を速み落ち激《たぎ》ちたる白浪に河蝦鳴くなり朝夕《あさよひ》ごとに（同、二一六四）　作者不詳
上つ瀬に河蝦妻呼ぶ夕されば衣手寒み妻まかむとか（同、二一六五）　作者不詳

河を詠める

夕さらず河蝦《かはづ》鳴くなる三輪河の清き瀬の音《と》を聞かくし宜《よ》しも（巻第十、二二二二）　作者不詳

平凡のように見えて、十一首いずれも、享受者の胸処《むなど》をへんに把《とら》える歌ばかりである。何か原初的な〈生〉に触れしめるものがある。その理由を考えてみると、蛙の鳴きごえそのものが持っている野趣もしくは寂寥によって、耳傾ける人間のがわの内奥に潜在する根源的生命感が呼び醒まされる所為《せい》だろう。しかし、そう考えるのは一つの近代解釈で、万葉人らは、わたくしたちとは全然別の感慨や認識作用を働かせて蛙の声に聴き入っていたかもしれないのである。少なくとも、考慮に入れてよいことは、古代の民族信仰のうえで、このユーモラスな小動物が〈田の神〉の使者と信じられてきたという事実である。『古事記』上巻の少名毘古那神《すくなびこなのかみ》の条に「故《かれ》、大国主神、出雲の御大《みほ》の御前《みさき》に坐《ま》す時、波の穂より天の羅摩船《かがみのふね》に乗りて、鵝《さざき》の皮を内剥《うつはぎ》に剥《は》ぎて衣服《きもの》に為《し》て、帰《よ》り来《く》る神有りき。爾《ここ》に其の名を問はせども答へず、且所従《またみとも》の諸神《かみたち》に問はせども『皆知らず』と白《まを》しき。爾に多邇具久《たにぐく》白言《まを》しつらく、『此は久延毘古《くえびこ》ぞ必ず知りつらむ』とまをしつれば、即ち久延毘古を召して問はす時に、『此《こ》は神産巣日神《かみむすひのかみ》の御子、少《すく》名毘古那神《なびこなのかみ》ぞ』と答へ白しき。」と見えるが、その「案山子《かかし》のクエビコなら、きっと知っているでしょう」と言った「多邇具久」こそ、まさにヒキガエル（蟾蜍）なのである。タニグクは、『万葉集』には「多邇具久《たにぐく》のさ渡るきはみ」（巻第五、八〇〇）、「谷潜《たにぐく》のさ渡るきはみ」（巻第六、九七一）とあり、『祝詞』には「谷蟆《たにぐく》」とある。カカシとともに、

田の神の使者と考えられていたことは、たとえば吉野蔵王堂の「蛙飛び」の行事が稲の霊に豊饒祈願をささげる農耕儀礼を祖型とするのを考え合わせれば、容易に理解されるはずである。(ただし、日野巌『動物妖怪譚』は、タニグクとは谷に密生する莎草《くぐ》で、これが転じて「谷のクグツ、即ち、所謂谷の者なる漂泊民の名に転用され」たと説く。この解釈も、じゅうぶん根拠があるが、ここでは触れずにおく。)

さきの『万葉集』の河蝦《かはづ》(これは歌語ではなかったか。日常語では「カヘル」といったらしいのは、「楓」が「蝦《カヘ》手《ルデ》」と表記されたことで推知できる)の歌に不思議な力感が籠《こ》められてあるのは、古代人たちの原始心性の内部において農耕神との交霊が行なわれていたからではないかと思う。単なる芸術的観照の成果ではないのである。

つぎに、『古今和歌集』の、有名な「仮名序」冒頭部分には、「やまとうたは、ひとのこゝろをたねとして、よろづのことの葉とぞなれりける。世中にある人、ことわざしげきものなれば、心におもふことを、見るもの、きくものにつけて、いひいだせるなり。花になくうぐひす、みづにすむかはづのこゑをきけば、いきとしいけるもの、いづれかうたをよまざりける。ちからをもいれずして、あめつちをうごかし、めに見えぬ鬼神をも、あはれとおもはせ、おとこ《(を)》女のなかをもやはらげ、たけきもののふのこゝろをも、なぐさむるは哥なり」とあり、「かはづ(ここは、河鹿《かじか》と解するのが定説である)のこゑをきけば」誰人《たれひと》といえども和歌を詠まずにはいられないはずだと、はっきり断言されている。これをもじって、室町末期の俳諧師山崎宗鑑《やまざきそうかん》は「手をついて歌申しあぐる蛙かな」(『曠野』)などとふざけてみせるが、紀貫之が「かはづ」を挙げたときには、本人にはそうと気付かれなくても、まだまだ短歌詩形が可能としていた霊妙不可思議なる霊的次元の〈存在〉との関渉作用《パルチシパシオン》を、かなり体験していたように思われる。そうでなければ、わざわざ〈田の神〉の使者であるカワズを例示しなくてもよかったはずだからである。

ところが、紀貫之がせっかく指し示した、カワズに触発されて起こるべき和歌の世界を、平安朝の歌人たちは、ついに掘り当てることなしに終わった。八代集を見ても二十一代集を見ても、これといって、蛙を詠んだ秀歌というものがほとんど存在しないのである。華美を好んだ王朝びとらは、「花になくうぐひす」のほうの和歌世界を探索し、それを発展させた。時代精神と社会風潮とがそれを望んだのであるから、蛙としても、和歌の圏外に取り残されることに甘んずるよりほか仕方なかった。むしろ、平安朝をつうじて、カワズ（カエル）は、滑稽なもの、醜怪なものと見られたように思われる。

『かげろふ日記』中巻の末に、雨蛙と尼還るとが懸け言葉になって用いられ、後世、これを「かへる」の語源とする論者まで出たほどであるが、これは藤原兼家の飄逸諧謔の性格の一面を描いたものでしかない。かえって、道綱《みちつな》母《のはは》の哀訴に迫真性を与えているくらいなのである。

山ごもりののちはあまがへるといふ名をつけられたりければ、かくものしけり。「こなたざまならでは、かたも」など、けしくて、
おほばこの神のたすけやなかりけんちぎりしことをおもひかへるは
とやうにて、れいの日すぎて、晦日《つごもり》になりにたり。

この道綱母歌は、大葉子をちぎって投げると蛙は生き返るといわれておりますが、その大葉子の神の助けもなかったのでしょうか、約束を待っているわたしのところには殿は訪れてくださらないのです、という意味である。この歌に、川口久雄は補注を付して「倭名、草類に『本草云、車前子、一名芣苡《於保波古》』、棭斎いう『新井氏曰、大葉子』。浚明いう『今も童の蛙を殺して上に此草を覆ひて置けば、蛙の蘇生るを、戯事をするにや。其事の神なるによりて、おほはこの神ともいへるか。思ひかへるに蛙を添へたるなるべし』。今昔二四の十六話に草の葉で蝦蟇を殺す話がみえるが、逆に大葉子は蘇生せしめる霊力があった、その力の故に樹神信仰によって、大葉子の神と

いったのであろう。源氏の帚木にいわゆる『尼にもなさでたずねとら』れた作者が、自ら『尼がへる』とよばれるくやしさを、歌によみこむことによって相手にはねかえしているのである。」（『日本古典文学大系20』）と記している。

カエル（カワズ）が文芸の世界でそれこそ「生き返る」のは、近世俳諧が興隆してからである。宗鑑の「歌申しあぐる蛙」については前述のとおりだが、それ以後、カエルは詩歌の国において見事に復権を果たすのである。もちろん、万葉歌人や古今仮名序とは異なる意味においてであって、ここにも日本人の自然観の変遷推移が推し量られる。正保五年（一六四八）刊の北村季吟撰『山の井』には、「蛙あまがへる　かへるご　井手　田　池　井のうち　ひきがへる　苗代　降れ降れと鳴きて雨を乞ふといへば、天蟾《あまがへる》といふといへど、麦藁の屋に世を捨てて住む尼にも取りなし、露の玉をかづきの蜑《あま》にもいひかけ、なほ苗代に引きこもり、井のうち気にて、出んどを知らぬ心をもしはべる。また、水に住む蛙の歌よむといふことは、文《ふみ》にも見えしに、おのが口から蛇にも呑まれて命を軽んじ、いくさなどをもするといふめれば、文武二道の蛙かなとも聞えはべりし。」とあり、元禄十一年（一六九八）の釈李由・森川許六撰『篇突《へんつき》』には「能因法師が長柄《ながら》の鉋屑《かんなくづ》も、信用はしがたけれども、帯刀《たてはき》節信が井手の蛙の干ぼしこそ、かの角大師の御影《みえい》元はなかりけるや、いとおぼつかなけれ。惣別。蛙の句、いひ古して、新しみ少なからん。西行上人のうれし顔にも鳴く蛙かなと詠みたまひしこの顔こそ、まことにまざまざと見るここちはすれ」とある。近世のカエルは、このように、人文主義化した。つまり、インテリ階級から厚遇を受けた。

歌《うた》軍《いくさ》文武二道の蛙かな（『崑山集』）　貞室
すだく蛙六十に余っていくさかな（『桜川』）　惟中
とまり江や火を焚く舟に寄る蛙（『一橋』）　才麿
古池や蛙飛びこむ水の音（『蛙合』）　芭蕉

一畦はしばし鳴きやむ蛙かな（『蛙合』）　去来
浮き沈む身を啼き暮らす蛙かな（『乞食袋』）　也有
雨雲に腹のふくるる蛙かな（『千代尼句集』）　千代女
閣《かく》に座して遠き蛙をきく夜かな（『蕪村句集』）　蕪村
風落ちて山あざやかになくかはず（『はいかい袋』）　大江丸
象潟や桜を浴びてなく蛙（『七番日記』）　一茶

天明六年（一七八六）刊の松葉軒東井編『譬喩尽《たとえづくし》』の「か之部」には「蛙《かえる》の面《つら》へ水」「蛙は口から呑まるる」「蛙の寝返《ねかへ》り時《どき》は眠《ねぶ》たきもの」「蟇《かいる》の行列で向ふ不レ見《みず》」「蛙の子は蛙に成る」などが見える。天明といえば、そのころ刊行された横井也有の俳文集『鶉衣《うずらごろも》』拾遺上に、蛙が女に化《ば》けて男に会い、再会を約して男がその場所に行ったところ、大きな蛙が出てきてその前を通ったが、その足址《あしあと》を見ると「住吉の浜のみるめのかりならぬかりそめ人にまた問はれけり」と書いてあったという、いわゆる〈蛙歌〉の説話が拾載されてある。児雷也が蟇《がま》の妖術を使った物語や、落語「蟇の油」などを思い合わせると、江戸中期には、カエルは若干霊力を回復したのかもしれない。

いっぽう、近世の博物学者たちは、経験科学者としての冷静な観察眼を、カエルのほうに向けていた。宝永六年（一七〇九）刊の貝原益軒『大和本草《やまとほんぞう》』は、「蟾蜍《ひきがへる》　順和名、比木《ひき》、州《くに》によりて其名かはる。京畿にてひきがへると云。他土にすつれば必かへる。故名づく。かいると云は非也。溼地に多し。卵は水中に生ず。其精液つゞきて帯の如し。初生して魚の如く尾あり。河豚魚に似たり。これを蝌斗と云。漸長ずれば尾なくして足生ず。西土にては俗名わくひきと云。平安城にはまれなり。」「蝦蟆《がま》《がへる》　これも他土にすつれば、必もとの処にかへる。故にかへると云。王荊公字説、東垣食物本草、及潜確類書にも、本処にかへる事をのせたり。故に懐土と云。かへるの子も初は尾あり。長して後は尾なし。〇土黽《まう》は足の長き青がへる也。蛙も同蝦蟆と一類にして別なり。よくなく。又褐色なるもあり。つねのかへるより大なり。〇中華の人は、蝦蟆を食す。本草に見えたり。本邦にも古は吉野の河土、国栖《くず》と云邑の人、煮㆓蝦蟆㆒為㆓上味㆒。名曰㆓毛灦《もみと》㆒と、日本紀応神紀に記せり。今も関東の土民は食と云。」といったように、細かい記述をしてみせる。確かに、時代は少しずつ動いていたということがわかる。

造形芸術にあらわれたカエル（カワズ）としては、鳥羽僧正作とされる絵巻「鳥獣戯画」の「蛙の相撲」が随一の傑作として残る。これまた、転換期の時代世相を風刺的に描いた不朽の記念碑《モニュメント》である。

鶯 *(Cettia diphone)*

ウグイスは、エンジャク目、ウグイス科の小鳥。ウグイス科には四百種類に近い数のものがあるが、ヨシキリとならんで、日本全国に多く棲息しているのは、このウグイスである。鳴き声が美しいので、飼い鳥として愛玩されるが、容姿のほうも劣らず美しく、緑褐色の羽と眉の下の白線とに特徴が見られる。ウグイスは、二月末から三月初めにかけて、都会や平野にやって来て「ホーホケキョ」と鳴く。このころ、旧暦ではちょうど一月に当たるので、古来、めでたい鳥として賞美された。「梅に鶯」という取り合わせが喜ばれたのは、梅の花の咲くころに里に出現するのと、晩春から初夏にかけて梅の木にいる虫を食べに来るのと、この二つの事象がしぜん関係づけられたのであろう。少なくとも、事実関係からいえば、そういうことになるのであろう。「ホーホケキョ」はいわゆるさえずりで、地鳴きとしては「チャッ、チャッ、チャッ」という声を出すが、歳時記などではこれを「笹鳴き」とよぶ。鶯が谷間から谷間へ飛ぶときに「ケッキョー、ケッキョー」と大声で鳴く声を「鶯の谷渡り」とよぶが、これは、鶯

鈴木其一「四季花鳥図屛風」部分
嘉永7年、萬野美術館蔵

の巣に卵を産みこむためにあたりをうろついている「時鳥《ほととぎす》」の声を模倣した鳴き声である。

特に、上述の「梅に鶯」という一組《ワンセット》の取り合わせについて触れておくとすると、この取り合わせは、古来、「松に鶴」「竹に雀」「柳に燕」などとともに、絶好の配合物と見做され、日本画や日本詩歌にはふんだんに取り扱われてきた。「梅に鶯」といえば、まず〝日本美〟を代表するシンボルの一つと考えるのが、これまでの常識であった。内田清之助・金井紫雲共著『鳥』を見ると、その理由を、つぎのごとく説明している。「何故に、梅と鶯は此のやうに縁が深いのであらう、美術的方面から見れば、紅梅にせよ白梅にせよ、百花の魁《さきがけ》として、早春既に清香を恣《ほしいまま》にして居る時、その端厳幽雅な花と素朴勇勁なる幹枝との間に、此の鳥を点ずることは、色彩の上から見ても余程趣味がある、仮に他の小禽を拉し来つて梅に配しても、決して鶯ほど総《すべ》ての上の調和を見ることは出来ないのである。／併し鶯を梅に配することは、決して単なる形態や、色彩の上から来て居るばかりでなく、それは深い深い自然研究の上から来て居るのである。」と。つまり、日本人が古来「梅に鶯」という客観的相関物《オブジエクティヴ・コレラティヴ》を措定したのは「深い深い自然研究」の成果だと、そう説明されているのである。本当にそうか。本当に日本伝統美は自然研究の上に形成されたものであるか。――やはり、わたしくは、ここに、疑問を提起したい気持を抑えることができない。

そこで、わたくしなりの探求作業の一部を報告させてもらうとすると、「梅に鶯」という、この美学的法則の定位は、じつは〝中国起源〟だったのである。少ない余白でその証明をすることは至難であるけれども、まず、「梅に鶯」の出典第一号を尋ねてみる。それは、日本最古の漢詩集『懐風藻』（七五一年成立）のなかに求められる。この『懐風藻』には、ウメを詠材にした詩作品が十一首も登載されているが、そのうちのいちばん古い日付のものは葛《かど》野王《ののおおきみ》の五言詩で、だいたい七〇〇年前後の制作と比定される。

五言。春日翫鶯梅。一首。

聊乗休仮景。入苑望青陽。素梅開素靨。嬌鶯弄嬌声。
対此開懐抱。優足暢愁情。不知老将至。但事酌春觴。

　五言。春日《しゅんじつ》、鶯梅《あうばい》を翫《はや》す。一首。
聊《いささか》に休仮《きうか》の景《けい》に乗《の》り、苑《その》に入《い》りて青陽《せいやう》を望《のぞ》む。素梅素靨《そばいそえふ》を開き、嬌鶯嬌声《けうあうけうせい》を弄《もてあそ》ぶ。此れに対《む》かひて懐抱《くわいはう》を開けば、優《ゆた》に愁情《しうじやう》を暢《の》ぶるに足る。老《おい》の将《まさ》に至らむとすることを知らず、但春《ただしゅん》觴《しやう》を酌《く》むを事とするのみ。

この一首は、かりそめに休暇を利用して庭園にはいり、春色を眺めたところ、白梅は白く咲きほころび、美しくかわいいウグイスは美しくあでやかにさえずりの声をあげている。この春景色にむかって自分の胸のうちを開くと、なにしろあたりがのびやかにゆったりしているものだから、こちらのメランコリックな気分が晴れるほどである。それで、自分は、老いがすぐにもやってこようとしているのを忘れてしまい、ひたすらに春の酒杯を傾けて陶然たる気分になっているばかりであるよ、の意。

さて、ここで問題とすべきは、第一句「聊乗㆓休仮景㆒」が、初唐の盧照隣の「山林日田家」という詩の一節「帰休乗㆓仮日㆒」を下敷きにしている点、第三、四句「素梅開㆓素靨㆒。嬌鶯弄㆓嬌声㆒」が、陳江総の「梅花落」詩の一節「梅花密処蔵㆓嬌鶯㆒」を下敷きにしている点、さらに、この一節全体をつうじて唐太宗「除夜」および王羲之「蘭亭記」などを踏まえた類似語が頻繁に用いられている点、この三点である。いかに中国詩文を崇拝した日本律令文人貴族ではあっても、かたっぱしから中国古典を渉猟読破するほどの学力はまだ与えられてはいなかったろうことは、想像に難《かた》くない。しかるに、七～八世紀ごろの律令知識人が座右に置いて〝虎之巻《とらのまき》〟のようにして活用した書物の一つに、『芸文類聚《げいもんるいじゅ》』（初唐の欧陽詢らの撰）という文芸エンサイクロペディアがあった。というよりは、記紀や万葉に夥しい痕跡をとどめる中国詩文の知識はほとんどこの『芸文類聚』一冊をとおして習得された、と見るほうが正しいくらいである。そして、この『芸文類聚』巻第八十六「梅」の項に、陳江総「梅花落」がちゃんと引かれ、ちゃんと登載されているのである。おそらく、律令知識人たちは、梅と鶯との取り合わせの妙をば、この文芸エンサイクロペディアによって初めて教えられ、ああこれが詩というものなのか、ああこれが文化というものなのかと、この世に〝美〟の存在する驚きに浸《ひた》ったことと思われる。葛野王の在世当時、実物のウメが輸入されていたか否かはなお不明であるし、ウグイスが中国のそれと異なることについての識別（『芸文類聚』に記載されてある「倉庚」と混同されていたことだけは確実だが）ができていたか否かも不明であるが、しかし、「梅プラス鶯イクォール美」という美学的数式をいち早く学習し理解した点、われらの祖先の鋭さはたいしたものだと感服せざるを得ない。そして、『古今和歌集』が撰修された平安時代半ばごろには、この美学を完全に自家薬籠中のものとしてしまっている。その中継点にある『文華秀麗集』（八一八年ごろ成立）の巻中楽府《がふ》の部をみると、嵯峨天皇の御製「梅花落」に、この「ウメ＋《プラス》ウグイス＝《イクォール》美」の美学法則が提示されてある。

梅花落。一首
鶊鳴梅院暖。花落舞春風。歴乱飄鋪地。徘徊颺満空。
狂香燻枕席。散影度房櫳。欲験余傷離苦。応聞羌笛中。

第一句「鶊《うぐひす》鳴いて梅院暖かに」には、漢詩文の教養において当代随一であった嵯峨帝の創作心理に定立されてあった、美とはかくのごときものであるぞよ、というマニフェストの響きが聴かれる。『古今和歌集』に定着する「梅に鶯」の美学も、この漢詩趣味を咀嚼したものと見るべきである。正しくは、国風文化とは、唐文化の日本的定着であって、なんらかの独創だったと見るべきではない。模倣＝学習の成果をこそ尊《たっと》むべきである。

いずれにせよ、「梅に鶯」の配合が〝中国起源〟の美学であって、日本人に独特固有の美学ではない、ということだけは、すでに明らかになったと思う。だからといって、それが価値無いものだということにはならない。むしろ、「梅に鶯」は、国際性＝普遍性を実現しているからこそ、すばらしい美学を達成した、ということを力説したい。〝日本美〟より〝世界美〟のほうが遙かに優《まさ》っていることは、論を俟たぬではないか。

さて、本題のウグイスに戻って考えなければならない。――

鶯は、一陽来福のしるしとして、東アジアの古代民に親しまれてきたし、また、それゆえに、詩歌の素材として賞《め》でられた。日本における詩学（歌論）の草分けである『古今和歌集』仮名序をみると、「花になくうぐひす、みづにすむかはづのこゑをきけば、いきとしいけるもの、いづれかうたをよまざりける」と見えるのも、むべなるかなである。人間の霊魂が死んで鶯となるという古代説話もあるが、これまた、一陽来福の季節を待って〝復活儀礼〟が実修された痕跡を裏書きしていると見てよいであろう。鳴き声に関して「法花経と鳴くといへば、経よむといひて、初音は序品、あまたに鳴くは千部などいへり」（『山の井』）などという説話の生じた根拠も、じつは、人類の古い古い記憶に求められるのが正しいと思う。

さて、鶯は、和歌に多く詠まれているが、その例として――

うち靡く春立ちぬらしわが門の柳の末《うれ》に鶯鳴きつ（『万葉集巻第十、一八一九』）　作者不詳
冬ごもり春さり来らしあしひきの山にも野にも鶯鳴くも（同、一八二四）　作者不詳
春たてば花とや見らむ白雪のかかれる枝にうぐひすのなく（『古今和歌集』）　素性法師
鶯のなけどもいまだ降る雪に杉の葉しろき逢坂のせき（『新古今和歌集』）　後鳥羽上皇

鶯はいたくなわびそ梅の花ことしのみ散るならひならねば（『金槐和歌集』）　源　実朝

梅が香にたぐへてきけば鶯のこゑなつかしき春のやまざと（『山家集』）　西行法師

鶯との配合は、前記のごとく、梅とのそれが最も尊ばれたことはもちろんであるが、他にも、竹・桜・柳・松などが尊ばれた。また、名所歌枕としては、深草の里・伏見の里・若草山・葛城山・老曽《おいそ》の杜・逢坂山などが重んぜられた。

俳諧においては、鶯は春鳥《はるどり》・春告鳥《はるつげどり》・花見鳥《はなみどり》・経《きよう》よみ鳥・歌詠鳥《うたよみどり》・人来鳥《ひとくどり》・百千鳥《ももちどり》・初音《はつね》・金衣鳥《きんいちよう》などの別名を帯びる。

鶯のほころばす音や歌ぶくろ（『犬子集』）　宗徳
うぐひすも椎の葉せせる飯野かな（『桜川』）　宗因
鶯の青き音を啼く梢かな（『仏の兄』）　鬼貫
鶯や餅に糞する縁の先（『鶴来酒』）　芭蕉
鶯や下駄の歯につく小田の土（『猿蓑』）　凡兆
鶯の隣まで来てゆふべかな（『松の声』）　千代女
鶯に終日遠し畑の人（『几董初懐紙』）　蕪村

ふつうの小鳥のさえずりは七月でとまるが、鶯の鳴期は比較的長く、高山地帯では八月の末まで鳴く。俳諧では、これを「老鶯《ろうおう》」「残鶯《ざんおう》」「乱鶯《らんおう》」などと呼ぶが、べつに年老いた鶯という意味ではない。『改正月令博物筌』に「四月に至りて、その声やや衰ふなり。ゆゑに老ごゑに鳴きて」と説明されているが、これは『枕草子』に「夏秋の末まで老ごゑに鳴きて」とあるのを踏まえたものである。このように、古歌とか、古い出典とかを踏まえて、それのパロディをつくりながら、少しずつ少しずつ自分の個性を表現しようとしたのが、日本文化への定型的思考であった。詩歌の場合には、この思考が殊にも顕著にバトン・タッチされた。芭蕉や一茶は、伝統詩作者のうちでは横紙破りの試みをした天才たちだが、この思考だけはちゃんと伝承した。ただ、伝承の仕方が他と違っていたのである。

鶯や竹の子藪に老いを鳴く（『炭俵』）　芭蕉
百両の鶯もやれ老を鳴く（『七番日記』）　一茶

ここで詠じられた「老を鳴く」は、一面、作者個人の心理的境涯を表出していることも疑い得ないが、俳諧美学のルールという側面から秤《はか》るならば、『枕草子』以下の王朝美学を踏まえていることもまた確実である。踏まえながら、それを踏みにじってもいる。芭蕉の場合には「竹の子」をもちだしてもじったところが面白いし、一茶となると、もう最初から至上最高の権威をののしったところが痛快である。近世庶民芸術は、ウグイスをも、王朝美の勢力圏から自分たちのそれへと引きずりおろさずにはいなかった。引きずりおろした、とはいっても、必ずしも俗悪化したという意味ではない。「自然と人間を媒介した呪術的なものや仏教的なものが次第に影をひそめ、新たな関係が成立しはじめていた。それは決して単純な形ではなかった。自然は前にもましてフィジックな自然としてあらわれてきたが、一方、媒介物を失うことによって自然と人間との新たな背反関係をもひき起こさざるをえない。こうした条件に対応して、和歌・連歌にかわる俳諧的なものが発展しつつあったのである。」（広末保『芭蕉と西鶴』）という把握に立てば、自然と人間との、また、ウグイスと近世庶民との、新しい関係が鮮やかに見えてくるはずである。

かくのごとき近世庶民文化の特質を洞見できたあとではじめて、いいかえれば、自然なり草木虫魚なりが商品生産の対象として考えられるようになった社会的＝文化的状況を洞見できたあとではじめて、近世も後半以後、それも特に文化文政のころから、このかわいい鳥の姿に似せて、青いきな粉をまぶしたもち菓子の鶯餅《うぐいすもち》がつくられるようになった時代的趣味の変化にも、深い理解がとどくであろう。鶯餅は、餅は餅でも、以前のように腹の足《た》しまえとか、儀式用とかの機能は全くない。半ば以上は、眼で見て楽しむ菓子である。こういうものが人気を呼び、好まれるようになったのは、近世文化の経済的性格をよく証《あか》している。鶯餅は、式亭三馬の『浮世床《うきよどこ》』にもその名が見えている。いかにも洒落《しゃれ》の利いた、風流な食べ物である。

文化文政といえば、文化十三年（一八一六）に刊行された（「希雅」と合冊にされた）鈴木朖《あきら》の『雅語音声考《がごおんじょうこう》』は、言語の擬声的起源を唱《とな》えた前人未発の卓見とされるが、その冒頭に「言語ハ音声也、音声ニ形アリ姿アリココロアリ、サレハ言語ニハ、音声ヲ以テ物事ヲ象リウツス事多シ。」「今其大概《ソノオホムネ》ヲ顕ハサントシテ、ソノ類ヒヲ四ツニ分ツ。一ツニハ鳥ケモノノ声ヲウツス、二ツニハ人ノ声ヲウツス、三ツニハ万物ノ声ヲウツス、四ツニハ万《ヨロ》ヅノ形、有様、意《ココロ》、シワザヲ写ス是也《コレナリ》」と説かれて、鳥獣虫の声を写した例として、郭公《ほととぎす》のホトトキ、雉《きぎし》のキギ、鴉《からす》のカラ、鶏《かけ》のカケ、雀《すずめ》のススなどとともに、鶯のウクヒが、まさに鳴き声（俗にホオホケキョというのをウウクヒとも聞けば聞こえるという）を写したものにほかならぬことが挙げられている。スとかシとかいうのは、鳥や虫に多くつく語で、古歌に「うくひすとのみ鳥のなくらむ」とあるのは、その名によって、スをもともに鳴く声に聞きなしたものだと、そう説明されている。貝原益軒（この人自身は、すでに十分に科学的な学問の道を拓いていた）の『日《に》本釈名《ほんしゃくみょう》』（一六九九）に、ウクはオク（奥）で、ヒスはイヅ（出づ）で、相通ずるから、ウクヒスはオクイヅ（奥を出る）の義である。春になって幽谷を出て喬木に移るのだ、と説明されているにくらぶれば、まったく画期的な語源論であることがわかる。この鈴木朖の提説は、少なくとも当時としては卓見である。

　このようにして、ウグイスの声は、近世末期ともなると、かなり科学的な耳で聞かれるようになった。きまりや、約束や、教科書や、教訓を離れて、じかに自然と接触することができるようになった点が、すばらしいのである。ただし、近世文化全部がそうだったというのではない。また、日本人全部がそのように変わっていったというのでもない。それどころか、明治以後一世紀も経過した今日このごろ、日本人のウグイス観は、ふたたび、近世以前のそれに逆行しているようにさえうかがえる。わたくしたちは、いっさいのいわく因縁に左右されずに、ただ、ウグイスの美しい鳴き声に聴き惚れ美しい容姿に見惚れるようにすべきではないのか。そのような基礎的経験をとおして、正しい〝自然観〟の建て直しを為《な》すべき時に来ているのではないのか。伝統的自然観は、無批判に墨守するところに価値があるのではなくして、修正を加えながらそれに生命を与えていくところに価値がある。

　叙述の都合上、後廻《あとまわ》しになってしまったが、ウグイスの人工的飼育が盛んになり定着したのは、室町時代、茶道や諸芸能の興隆と歩調を合わせて生起した現象である。『応仁後記』によると、居城を落ちのびていく井上若狭守は、みずから「鶯籠」を両手にさげて悠々と撤退したので、その「風流」と胆力とが時人の賞賛の的となったという。江戸の太平時代になると、ウグイスの飼養は、いよいよ盛行を極め、寛永年間になると、将軍家には「お鳥掛《とりがかり》」なる職務まで設けられ扶持《ふち》が給された。鶯飼育法に関して、岡田章雄『日本小百科14・動物』の簡潔な要約がある。「ふつう雛鳥を巣とともに採り摺餌《すりえ》を与え、巣離れする時期に各を籠に移し、成育してから鳴声のよい成鳥のそばに置いて学ばせる。その成鳥を押親、雛鳥を附子《つけご》と呼んだ。また夜飼といって、早春のころからその囀る声を楽しむために、冬至の前後から毎夜一定の時間、籠の側に灯火を点《とも》し、その時間を次第に長くして囀りをうながす方法もあった。文政元年（一八一八）に江戸九段坂の小鳥店丸屋万蔵の撰になる『養鶯弁』はその飼養法をくわしく記したものである。」やがて啼合会《なきあわせ》（鶯コンクールである）が神田社地・小石川鶯谷・谷中鶯谷・根岸初音里で催された。

燕 *(Hirundo rustica)*

ツバメは、ツバメ科の夏鳥で、翼長一二センチぐらい。尾は深く叉状、嘴は扁平な三角形。飛翔力が非常に強く、飛翔中に小虫を捕食するので、益鳥とされる。東部シベリア・満州・華北・朝鮮・日本などで繁殖し、冬季大群をなしてインド・マライ・ニューギニア・オーストラリア地方に渡る。ただし『本草綱目啓蒙』に「摂州六甲山ノ巓ニハ土中ニ穴シテ蟄シ正月ニテモ天気晴暖ナル時ハ数万出デテ飛翔ストイフ。時珍伏㆑気蟄㆓於窟穴之中㆒トイフニ合ヘリ。然ル時ハ燕一々皆南帰スルニモ非ザルナリ」と見えるように、稀には冬の間じゅう日本にとどまるものもある。げんに、静岡県舞坂町の養鰻場では、ここ三十余年このかた、毎年数百羽のツバメが冬の期間中もとどまっている。こういう稀少な例外を別にすれば、ツバメは、渡り鳥の特性にしたがうものである。

それならば、ツバメは、どのようにして渡来するのであるか。また、どのようにして渡去するのであるか。中原孫吉の報告を見ると、「燕は渡来の際、群を形成せずに、次々と少数づつ飛来する。まづ早朝基地を出発、数時間後にはその日の到来地に達し、該地に昼間滞在して、さらに翌早朝或は幾日か後の早朝、第二の目的地へ向つて出発する。このやうな過程を経て、最後の蕃殖地たるべき目的地に到着するものと思はれる。従つて、燕の飛翔速度と渡りの速さとは、全然異るやうである。／渡来期には、第二回幼鳥の成育後人家に巣を作り、山地或は森林等に来て旺んに飛びまはつてゐたものが、いくらかづつ集団を形成、群れをなして渡去するやうである。」「渡去の際、もつと大切なものは、気温でなくして風向である。かつて中央気象台長藤原博士は、候鳥の風力利用について論駁されたことがある。昭和四年、岡山において燕の大群が幾回も渡去したが、筆者の調査したところによると、岡山より南行し去るのに大変都合の良い追風を示してゐるときが多かつた。これによつて、大体、燕も他の候鳥と同様、風力を利用すると謂へよう。」(『日本の動物季節』、鳥類の渡り)とある。

さて、春になって、日本へ渡来したツバメは、前年に巣を作った家にはいり、その家の軒下や梁《はり》の上などに泥土や藁を用いて椀形の巣を作る。前年の営巣家屋には前年の雌雄が一緒に帰家するということが、昔からいわれていたが、近年鳥類標識試験によって、その正しさが証明された。人家の少なかった太古にあっては、ツバメは岩崖の間などに土の巣を作ったものだろうが、人家が多くなるにしたがって、外敵からの危険も多くまた気候の激変に対する防備もまったくない野外から、人家に移り住むように変わっていった。今ではもうだれも不思議だとは思わないが、ツバメが人家に巣を作る習性は、鳥としては異例のことなのである。それだけに、昔から、一種の霊鳥として尊重された。

中国では、『礼記』月令第六に「是月(仲春月)也。玄鳥至」と見え、『呂氏春秋』に「仲春月玄鳥至」と見えるくらいに、一陽来福の歓喜を象徴するものとして尊ばれた。日本の農耕民も、ツバメの飛来に心を躍らせた。

燕《つばめ》来る時になりぬと雁がねは本郷《くに》思《しの》びつつ雲がくり喧《な》く(『万葉集』巻十九、四一四四) 作者不詳

つばくらめあはれに見けるためしかなかはる契は習なる世に(『夫木和歌抄』) 藤原定家

つばくらめ門田に今は声すなり種おろすべき時やきぬらん(『琴後集』) 村田春海

つぎに、ツバメは、日本人の間では、母性愛のシンボルとして尊重されていることに注意しておこう。卵が孵《かえ》ると、ツバメの母鳥は、大いなる愛をもってその雛を育てる。そこまでは、どんな動物でも同じだろうが、ツバメの雛が巣の縁で戯れても決して地上に落ちないのは、母鳥が雛の脚を、毛でもって巣の中に結びつけておくからだ、といわれている。そして、雛の翼がじゅうぶんに発達すると、母鳥が嘴でその毛を切って解放してやるのだ、とも

いわれている。そうしてみると、ツバメの母性愛は、かなり理知的であることになる。しかし、ツバメの母性愛が謳《うた》われているのは、白居易の『白氏文集』に「燕燕爾勿レ悲。爾当二返自思一。思爾為レ雛日。高飛背母時。当時父母念。今日爾応知。」とあるから、例によって、中国的教養からの影響ないしは受け売りだったかもしれない。

　母性愛から一転して、男女の恋愛ということになると、ツバメはいい役回りにはない。『竹取物語』の、求婚者の五番バッター石上中納言《いそのかみのちゅうなごん》は、「燕《つばくらめ》のもたる子安《こやす》の貝」という無理難題に答えようと、四苦八苦したあげく、「御髪《みぐし》もたげて、御手をひろげ給へるに、燕のまりおける（ふる）糞を握り給へるなりけり。」という失態を演ずる。石上中納言も気の毒だが、ツバメこそいい迷惑をこうむった。

　俳諧の季語として「乙鳥《おつどり》」「玄鳥《つばめ》」「つばくら」「雨燕」「飛燕」「夕燕」「燕渡る」「燕来る」「初燕」「燕の巣」「巣燕」などがある。

山のべや風より下を行く燕（『生駒堂』）　来山
盃に泥な落しそむら燕（『笈日記』）　芭蕉
海づらの虹をけしたる燕かな（『続虚栗』）　其角
蔵並ぶ裏は燕の通ひ道（『猿蓑』）　凡兆
巣《す》乙鳥《つばめ》の下に火をたく雨夜かな（『白雄句集』）　白雄

　日本には、普通のツバメのほかに、なお三種類のツバメがいる。関西以西に多いのはコシアカツバメ（トックリツバメ）で、四国を除く全国の山岳に大群で生活し営巣するのがイワツバメ、北海道および東北に住むのがスナムグリツバメである。

さいごに、ツバメ、ツバクラメの語源を考えるのに、新井白石『東雅』の「倭名抄に爾雅注を引て、ツバクラメといふと注せしは、即今俗にツバメといふ是なり、兼名苑を引て、燕に胡越二種あり、楊氏漢語抄に、胡燕子はアマドリといふと注せしもの、即ち今もアマドリといふなり、義並に詳かならず。或人の説にツバメとは土食《つみはみ》なり、アナグラツバメといふ胡燕也といふなり、古語にはツバクラメとこそいひつれ、ツバメとは後の人その語を省きて呼びし名なり、古語にツバといひし詞は、前の海石榴の注にしるせし如くに、風物の光り沢へるをいひしなり、クラとは黒なり、メとは古俗鳥を呼びし語なり、その毛色の光りて黒ければ、ツバクラメといひしなり。」という記述が、いちばん首肯し得る内容をもっているように思われる。

雉《きじ》 (*Phasianus versicolor*)

キジは、ジュンケイ目キジ科の小禽で、日本にしか棲息しない。キジ科には約二百に近い種類を含むが、キジは、日本特有の鳥なので、戦後、愛鳥運動がさかんになったとき、「国鳥」というのに選ばれた。わりあい人里近くに棲むし、人が近づいても容易に逃げださないので、昔から和歌によまれたり物語に伝えられたりしたほか、肉が美味なので、狩猟鳥のうちでも代表的なものとされてきた。

じっさいに、キジは、古くから食肉として珍重せられ、婚礼の祝い物として用いられることが多かった。源《みなもとの》順《したがう》が撰した『倭名類聚鈔《わみょうるいじゅうしょう》』（九三一〜九成立）などをみると、鳥獣のトップに「雉」が据えられている。これについて桜井秀・足立勇『日本食物史・上』は、「雉は晴の饗膳には欠くことの出来ぬもので、当代の中頃の貴人の鷹狩も、その獲物は多く雉子であったらしい。」（第五章　平安時代）という註釈を加えている。また、『徒然草』には

「鳥には雉、さうなきものなり」と見え、あまたの鳥のうちの最上《さいじょう》のものと考えられていたようである。

いっぽう、キジは、詩歌の素材として選ばれる場合には、「子をおもふきじの」「妻どふきじの」などのごとく、妻子を恋うる心情の象徴として歌われた。『山の井』には、「野山焼くころは足弱の妻子をのけかねて道の嶮岨をけんけんと鳴き悲しみ、鷹にあうても猟師を見ても涙のほろろ隙もなく、よろづ恐れ多くあはれなるものとぞ言ひならはしはべる。されば、子を思ふ雉は涙のほろろとも、鷹にあうてけんを取らるるなどともいへり」と説明されている。異名《いみょう》として「きぎす」「すがね鳥」「野鶏《やけい》」「山《やま》の梁《うつばり》」などがある。

和歌のうちに、キジの歌を求めると――

八島国　妻枕きかねて……庭《には》つ鳥　鶏《かけ》は鳴くなり　野《ぬ》つ鳥
雉《きぎし》は響《とよ》む　愛《は》しけくも　いまだ言はずて　明けにけり我妹《わぎも》（『日本書紀』歌謡番号一〇三）　安閑天皇
春の野にあさる雉《きぎし》の妻恋ひにおのがあたりを人に知れつつ（『万葉集』巻第八、一四四六）　大伴家持
春雉《きぎす》鳴く高円《たかまと》の辺《へ》に桜花散りて流らふ見む人もがも（同巻第十、一八六六）　作者不詳
杉の野にさ躍《をど》る雉《きぎし》いちしろく哭にしも泣かむ隠妻《こもりづま》かも（同巻第十九、四一四八）　大伴家持
あしひきの八峰《やつを》の雉《きぎし》鳴き響《とよ》む朝明《あさけ》の霞見ればかなしも（同、四一四九）　同
かりの世と思ふなるべし春の野のあさたつ雉子《きぎす》ほろろとぞ鳴く（『和泉式部集』）　和泉式部
さいたづままだうら若き三吉野の霞隠れにきぎす鳴くなり（『万代和歌集』）　平忠度
片岡に芝うつりしてなくきぎす立つ羽音して高からぬかな（『夫木和歌抄』）　西行法師
高円《たかまど》の尾の上《へ》の雉《きぎす》あさなあさなつまに恋ひつつ鳴く声《ね》かなしも（『金槐和歌集』）　源実朝

俳諧の季題には「雉啼く」「雉の恋」「焼野の雉子」「雉の巣」などがよく用いられる。

子を思ふ雉子は涙のほろろかな（『犬子集』）　貞徳
父母のしきりに恋ひし雉子の声（『笈の小文』）　芭蕉
うつくしき顔かく雉子の距《けづめ》かな（『其袋』）　其角
片岡に雉子の蹴合ふ羽音かな（『木曾の谷』）　杉風
きじ啼くや御里御坊の苣《あさ》ばたけ（『夜半叟句集』）　蕪村
夕雨や寐所焼かれし雉の貌（『文化句帖』）　一茶

キジに関する伝説のうち、「三本杉の雉塚」というのを紹介しておく。原話は『和漢三才図会』に載っているのであるが、ここには、谷川清一『雉』のなかの再話を引く。――

摂州垂水村の岩氏の女、河内国交野《かたの》郡禁野《きんや》の里（禁野は天皇遊猟の地として一般の殺生を禁じてあつた）に嫁したれども、未だ嘗て物を言はない。夫はこれを以て啞となし、女を連れてその郷家へ送還せんとして野地を過ぐる際、偶《たま》ま雉が鳴いた。夫はこれを射ようとしたが、女は駕籠の中に居て大きな声にて歌を詠じた。

物いはじ父は長柄の人柱鳴かずば雉も射られざらまし

夫はそれを聞いて啞でない事を喜んで相携へて夫の家に帰つた。今日尚《なほ》三本の杉がその地にある。何故この女が物を言はなかつたり、又雉を見て初めて歌を詠じたかと云ふに、それには深い仔細があつた。嵯峨天皇の御代、初めて長柄の橋を作らんとした時、人力の限りを尽くしたが、どうも竣工しない。そこで或る人が、これは水神の祟《たた》りであるから、人柱を入れれば成功するに違ひないと唱《とな》へたので、里人もそれに同意して、垂水村に関所を設けて往来の人々の中より人柱に立つ人を物色した。丁度、女の父岩氏が戯れに「袴の跨《まち》に綴縫《つぎぬひ》のあるものを着て通る者があれば、これを捕へて人柱とせば可なり」と言つた。

然るに其の後、岩氏の穿つたところの袴を看るに、偶《たま》ま跨に綴縫がしてあつたので、忽ち捕へられてむりやりに人柱にせられたのである。その犠牲に依つて水神の怒りも漸く解けて、さしもの難工事も成就した為、後に岩氏の冥福を祈る為に、長柄に大願寺といふ菩提寺を建てたと伝へられてゐる。時の歌に、

長柄なる橋もと寺をつくるなりおこさぬ家を何にたとへん

岩氏の女が河内の禁野に嫁して唖の如く物を言はなかつたのは、その父の戯言を悔ひたからであらう。

（第二章　雉の伝説及び諺）

この雉塚伝説は、悲哀を極めたというよりは、むしろ陰惨で後味《あとあじ》の悪い、むごたらしい話である。ところが、この伝説の出処《しゅっしょ》は、中国の『春秋左伝』のなかにある「賈氏射雉」の説話に求められる。賈氏は周の人、賈大夫とも呼ばれた。姿がはなはだ醜かった。ある時、妻を娶ったが、その妻は三年も物を言わない。ある日、夫婦相携えて沢へ行った。賈氏は雉を射た。すると、はじめて妻が口をきいた。――と、そんな説話である。

キジが、日本独特である以上、中国にキジはいないはずだが、中国には尾長雉という一種だけが棲んでいる。そして、この鳥は、華虫・夏翟・疏趾・野雉・原禽・文禽・介鳥・翟鶏・鸐鶏などの異名をもっている。『日本書紀』大化六年正月の条に、穴戸国司草壁連醜経《しこふ》が白雉を孝徳帝に献じたところ、これが瑞祥だというので、年号を「白《はく》雉《ち》」と改めたというが、中国においても、たとえば李嶠の詩に「白雉振㆓朝声㆒、飛来表㆓太平㆒。」とあるように、白雉はめでたいシンボルとされていたのである。『爾雅《じが》』および『説文《せつもん》』をみると、「雉」が十四種もあると説いて

雉（上図）と高麗雉（下図）（共に雄）
毛利梅園『梅園禽譜』（天保10年序）より
国立国会図書館蔵

いる。日本で謂うコウライキジ（高麗雉）など、今後、くわしく調べてみる必要がある。

さて、ふたたび、日本のキジに眼を向けよう。われわれには見慣れているこのキジも、外国人の目には極めて珍しい鳥になっているらしく、一八五四年、ペリーが再び黒船で日本に到来したさい、その黒船に乗り組んでいたハイエーンという画家は、片手間に動物の採集もやっていたのだが、碇泊地の下田で初めてキジを採集した記事を書き残している。ハイエーンが動物採集した記事をもとにして、カズンという研究家が一八五六年にワシントンで出版した美麗な彩色図版入りの書物も、現存している。ハイエーンがこのときに初見参《はつげんざん》したキジは、それより少し以前にヨーロッパの学会に報告した人があり、その存在が知られていた。もっとも、それは「日本の鳥」としてではなく、「ジャヴァの鳥」として知られていたのである。もちろん、JapanとJavaとの混合からきた誤りである。したがって、キジを「日本の鳥」として正しく紹介した功績はハイエーンおよびカズンに帰せられねばならぬ。

キジの習性について、日本では「蛇食う雉」などの俗諺《ぞくげん》がある。芭蕉の句にも「蛇食ふと聞けば恐ろし雉の声」があり、関西地方の俗謡にも「蛇にからだをまかせて置いて、剣もほろろにはじく雉子」がある。真偽のほどは不明である。もう一つ、「雉は地震を予知する」というのがあるが、このほうは、大正年間、大森房吉が小石川関口台町の山県有朋邸（現在の椿山荘）でキジの知覚を研究して、『震災予防調査報告』に、予知する感覚はないが、最も速やかに感知して鳴く、という事実を発表している。「足もとから立つ雉」というのは、驚いてあわただしいさまの比喩だが、この鳥に限らぬであろう。なお、『古事記』上巻に、天若日子が雉の使を射殺した記事のあとに「諺曰二雉之頓使《きぎしのひたづかひ》一」と見える。これは、使いに行ったきりで帰らないこと、また一説に、副使従者もつけずに使者をひとりだけ単独でつかわすことを言う。ほかに、「雉の草隠れ」（『太平記』）、「雉子も鳴かずば打たれまい」（狂言「禁野」）などの諺もある。

山鳥《やまどり》 (*Syrmaticus soemmerringi*)

ヤマドリは、ジュンケイ目キジ科ヤマドリ属。留鳥で、本州の関西以西の標高一五〇〇メートル以下の山地にすみ、東北地方では平地の人家付近にもすむ。とくに、渓流畔のスギ・ヒノキの林や、下草にシダ類の茂った低木の林にすむことが多い。キジと同様に、日本固有の鳥である。キジの仲間であって、大きさもほぼ同じくらいだが、羽色が光沢ある赤銅色を呈している点で違っている。雌《めす》も雄《おす》に似ていて、一見キジの雌に酷似しているが、尾羽の先端の白いのを見ればすぐに識別できる。ヤマドリの特徴は、尾の羽が長くてりっぱなことで（雄の尾は通常二六本あって、内二本は特に長く、しだり尾という）、老鳥のなかには一メートルに及ぶ尾羽をもつものさえある。日本の鳥のうちでは最長尾羽の持ちぬしである。このように尾の長い形状から、「山鳥の尾のしだり尾の」など、長いことの形容に用いられ、特に夜の長いことをあらわす序詞に用いられた。また、雌雄が夜は峰を隔てて寝るという言い伝えから、ひとり寝することの形容として用いられた。ヤマドリの習性も、キジに似ているが、概して奥山に住むために、キジよりもいっそう迅速な飛翔力をもっている。このため、キジよりも猟獲することが困難である。ヤマドリも、キジと同様、肉の味がすぐれており、かつ肉の量も多いことから、古来、猟鳥として多獲された。

あしひきの山鳥の尾のしだり尾の長き永夜《ながよ》を独《ひと》りかも宿《ね》む（『万葉集』巻第十一、二八〇二或本の歌）

山鳥の尾《を》ろのはつをに鏡懸《かがみか》け唱《とな》ふべみこそ汝《な》に寄《よ》そりけめ（同巻第十四、三四六八）

二首ともに、ヤマドリの尾の長いことを歌ったものであるが、前のほうの歌は長い夜の形容にすぎないのに対して、あとのほうの歌は、ヤマドリの尾に鏡をかけ、恋う人の姿を見たればこそ、自分はこうして言い寄りもしたんですよ、の意である。あとのほうの一首では、ヤマドリの長い尾と、鏡かけとが、当然、問題になってくる。

『枕草子』三十八段には「山鳥は友を恋ひて鳴くに鏡を見せたれば慰むらん、いと哀なり。」とあり、さらに、これを踏まえて『八雲御抄』は「山雞、をろのはつをば、はつをのかゞみひとりぬるは、夫婦山をへだてゝぬるなり、さてひるはゆきあふなり。」と解釈している。『八雲御抄』の「ひるはゆきあふ」は、『新古今和歌集』恋五の「ひるは来て夜はわかるゝ山鳥のかけ見る時ぞ音になかれぬる」に強くひっぱられている。それならば、鏡というのは何に由来するのであるか。内田清之助・金井紫雲『鳥』は、「支那の伝説に依ると魏の世に、山鳥を飼ふものがあつたが、一向に鳴かなかつたので、尾に鏡をかけてやつたら鳴いたといふ、つまり『鏡かけ』の文字をそれに結びつけて居るのである。処が一説には、鏡かけといふとも、決して真の鏡をかけたわけではなく、尾羽の中の一枚は、非常に光沢があつて、ものが映る位なので、雌の姿がこれに映ると思ひ、かく辞句の上に誇張されてしまつたのである」（一四、山鳥）と述べている。「支那の伝説」うんぬんは、『芸文類聚《げいもんるいじゅ》』（この文芸エンサイクロペディアは七～八世紀の日本律令知識人の〝虎之巻〟的役割を果たした）巻第九十一鳥部中の「山鶏」の項をみると、「異苑曰。山鶏愛其毛。映水則舞。魏武時。南方献之。帝欲其鳴舞而無由。公子蒼舒。令以大鏡著其前。鶏鑒形而舞。不知止。遂乏死。韋仲将為之賦。甚美。」と、ちゃんと出ている。万葉人は「大鏡を以て其の前に著《つ》けしめたれば、鶏は形を鑒《かがみにみ》て舞ひ、止《とど》まることを知らず」という故事を踏まえて、ヤマドリと鏡との組合わせを歌ったものと思われる。

わたくしには、ヤマドリと鏡との関係は、どう考えても中国の故事に由来するとしか結論できないが、現代の万葉学の学界では、まったくこの立場を取っていない。三四六八番の歌は、岩波古典文学大系本の解釈では、「［大意］山鳥の尾に似た初麻に鏡をかけて、神に呪文をとなえる役を私がする筈になっている（私はあなたの妻になるはず）からこそ、当然の噂が立ったのだろうが。（実際には困ってしまう。）」ということになっている。文学作品は自由に享受していいのだからどちらが正しいかを決める必要はないけれど、中国起源の要素を全然顧慮しないというのでは、やはり片手落ちになりはしないかと思う。ヤマドリは、たしかに日本固有の小鳥《バード》だが、この鳥のもっている文化的象徴は、相当に中国から学んだ要素が強いように、わたくし個人には思われてならない。

こんにちでこそ、ヤマドリは日本固有の小鳥だなどと言えるけれど（それは、動物学者たちの研究成果があればこその話である）、古い時代の日本人にとって、ヤマドリが大和島根の特産かどうか、考えてみたこともなかったろうし、そのことを明らかにするすべもなかったはずなのだ。たとえば『日本書紀』天智天皇十年の条を見てみよう。「六月丙寅朔己巳、宣二百済三部使人所請軍事一。○庚辰、百済遣二羿真子等一進レ調。◎是月、以二栗隈王一、為二筑紫率一。新羅遣レ使進レ調。別献二水牛一頭・山鶏一隻一。」とある。新羅の国から使節がやってきて「山鶏一隻《やまどりひとつ》」を献上したというのである。ヤマドリを産しない朝鮮半島から、ヤマドリの特産地である日本列島の権力者に、この鳥を献上するというのは不合理である。なぜこんなことが起こったかといえば、新羅経由で中国の「山鶏《さんけい》」が伝えられたからで、日本律令知識人は、実物の山鶏を観察するよりも先に、その文化的象徴のほうに魅せられた。

さて、ヤマドリの鳴き声であるが、これについては、

山鳥のほろほろと鳴く声きけば父かとぞ思ふ母かとぞ思ふ（『玉葉和歌集』）　僧　行　基

という和歌が思いだされる。『玉葉和歌集』は、鎌倉時代の正和元年（一三一二）の撰修だから、このころになって行基菩薩の作品がいきなり登場するのは、この作品が当時の宗教界で喧伝されていた作者不詳の一首だったことを裏書きしている。芭蕉の「父母のしきりに恋ひし雉子の声」は、明らかに、この一首を踏まえたもので、キジとヤマドリとは殆ど同一視されていたのであろう。

キジがそうであるように、ヤマドリは、外国人の目には珍しい鳥としてうつるらしく、一八五四年に来航したペリーの黒船に乗り組んでいた、例の画家のハイエーンは、ヤマドリを初めて見たときの印象を「その金色の光沢に輝く美しいいろどりには瞠目を禁じ得なかった、それは蜂鳥の金属的な燦然たる色彩にも比すべきものだ」と書き残している。しかし、そのヤマドリも、キジほどには極端に減少していないにせよ、なにしろ養殖が困難なので、今後はつとめて保護せねばならぬ実情にある。

駒鳥　*(Erithacus akahige)*

コマドリも、日本特有の鳥である。ツグミ科の鳥で、日本全国の高山に棲息する留鳥《りゅうちょう》であるが、少数のものは中国南部で越冬する。南からの渡来は五月である。羽色は、頭が錆赤色、背面が錆褐色、喉や上胸は橙黄褐色《とうこうかっしょく》で、すこぶる美麗である。「ヒンカラカラ」というさえずりが、駒のいななきに類似しているところから、「駒鳥」の名がつけられたといわれる。一説に、そのさえずりが、駒につけた鈴を振るような音を立てるからだともいわれる。動作が敏捷で、脚高で跳歩が早く、胸をそらせ、くちばしを上に向けて勢いよくさえずる。深山の渓流に近い熊笹の地帯にすむが、古くから飼養愛玩されてもいる。ウグイス・オオルリとともに「三名鳥」とか「本朝三鳥」とか呼ばれている。オオルリ・キビタキ・ミヤマホオジロとともに「和品四鳥」に数えあげられることもある。もちろん、形状が美麗なことと、鳴き声が美しいことと、この二つを兼ねているからである。

　ただ、不思議なことに、これほどに美しいコマドリを材料にした日本の芸術作品となると、古来、ほとんど皆無と言ってよい。ヨーロッパの'robin'は、明治このかた「駒鳥」と訳されており、英文学者たちは、これを日本のコマドリと同一種に見立てているが、本当はかなり違ったものである。そこで、戦後の辞書では大幅訂正がおこなわれている。中島文雄・忍足欣四郎『岩波新英和辞典』の'robin'の項をみると、「①こまつぐみ、わたりつぐみ。②ヨーロッパこまどり。③こまどりに似た鳥。」とあって、これまでの誤れる語義は既に撤回されていることを知る。斯かる概念修正を受け入れるとき、たちまち、生物世界ならびに美学世界が違って見えてくるゆえ、あらためて学問研究の怕《こわ》さに想到せざるを得ない。ともあれ、英国人たちは伝統的に頻繁にロビンズを歌いつづけてきた。

もの言わぬ友

クリスティーナ・ロセッティ　斎藤正二訳

若いとき、わたしはいっぽんの若木《わかぎ》を植えた。
しかし、いま、その木は生《お》い茂り、わたしは老いた。——
そこに、冬の駒鳥は寒気《かんき》を避けて身をかくし、
　その銀のさえずりをこぼす。

（角川書店版「世界の詩集12・世界女流名詩集」）

この作品は、わたくし自身の翻訳で、引用するのはいささか気がひけるが、イギリス詩人と「駒鳥」との親密な間柄を説明する便宜から、敢えて引用させていただいた。

ところが、日本の伝統的文芸のなかでは、コマドリの占める位置はほんとうに少なかった。内田清之助・金井紫雲『鳥』は、「駒鳥はかく、飼鳥として古くから知られ、人に親しまれて居ながら、芸術方面には案外に閑却されて居る。絵画などに現はれて来たのも近頃で、自然を写した絵の中に伝へられるに過ぎぬし、駒鳥そのものを主として描かれた絵画などは殆んどないというてもよい位である。」（五、駒鳥）と記し、文学の方面では僅かに各務支考の『百鳥譜』に「木々の花の咲きこぼれて、あけぼのの雪にもまがへる時は、駒鳥の声のみ冷やかにしていと多し、

されば此の鳥の名は声のたぐひを伝へるならん」があるぐらいだと記し「此の短かい一節は、将に好個の画境である」と評価している。わたくしたちとしては、コマドリのように日本を代表する小鳥に関して、芸術作品がこのように少ない事実にこそ、逆に、伝統的に〝日本美〟といわれてきたものに隠されている欠陥が、はしなくも露呈されてあることを見抜くべきではないかと思う。日本では、誰か権威のある人物（それは、古い時代のそれほど尊いものとされる）が賞讃の筆を取らないうちは、後進の者が自分で〝新しい美〟を発見するなどのことはけっしてなかったのである。コマドリなど、その点で、大いに貧乏籤をひき当てたという感じがする。

たしかにそれに相違ないのであるが、日本の民衆は、みずからが権威とする拠りどころを奪われたままに、自分たち自身の眼なり耳なり触覚なりに〝信〟を措こうとする自然認識の一方法に、辛うじて到達したことをも、見落としてはならない。植物方言とか動物俗名とかがそれである。コマドリの俗名を列挙すると、「ざらざらとり・うまおえ・くつわどり・なみこどり・こまおへどり・みやましょうじょう・ひこま・とちはかり・くろこ・やまかみこま・とけいどり・こまんどり・しまどり・あかこま・じこま・こまおいどり・こまひき・こまいどり・ひーかち・なたうしね・きんきよどり・はあごろ・こまひきどり・こま」（清棲幸保『野鳥の事典』）である。これら荒々しい呼び名のなかには、かえって、傑作に近いものもあるではないか。

近世俳諧では、駒鳥のほかに「こま」ともよばれ、夏の季題に入れられている。

駒鳥の声ころびけり岩の上（『其袋』）　園女

駒鳥の日晴れてとよむ林かな（『半化坊発句集』）　蘭更

駒鳥やめしひの殿の朝機嫌（『この時雨』）　紫暁

葭切《よしきり》 *(Acrocephalus arundinaceus orientalis)*

ヨシキリには、オオヨシキリとコヨシキリとがあるが、ふつうに言うときにはオオヨシキリをさしている。オオヨシキリは、エンジャク（燕雀）目ウグイス科。翼長九センチメートルほど、羽色は赤錆色を帯びたオリーブ褐色で、淡クリーム白色の細い眉斑があり、目の周囲には白色の幅狭い輪がある。嘴毛《しもう》がよく発達し、こわくて長い。喉以下の体の下面はクリーム白色で、翼と尾とは暗褐色。夏鳥として春は四月下旬から五月中旬ごろまでに渡来し、秋は九月下旬ごろまでに渡去する。海辺・平地の湖沼・湿地・水田の畔などにあるヨシの密生する草原に棲息する。

五月はじめ、この夏鳥が渡来したばかりのころには、ヨシがまだ十分に伸びていないので、付近の樹木や竹藪でさえずっている。そのうちに、ヨシの丈が伸びてくると、数本の茎を組み合わせて花瓶形の巣を作る。巣立ったばかりの雛が、ヨシの茎に横どまりしながら、葉のつけ根からつけ根へとよじのぼる練習をするのは、たぐいないほど可憐である。「ギョッ、ギョッ、ギョギョシ」と鳴く声から、俳諧では、古来、「行行子《ぎょうぎょうし》」という異名を授けているが、「葦原雀《よしはらすずめ》」「葦雀《よしすずめ》」などの異名もある。元禄八年刊行『本朝食鑑』の「葦原雀」の項に「葦雀、雀に似て青灰斑色、長尾、好んで葦中の蠹を食ふ。その声、高長清亮、日晴れ風静かなるときは、水叢に囀りて喧し。ゆゑに世の諺に、多語喧囂なる者を呼びて、葦原雀と称す。あるいは曰く、葦雀よく歳に大風あることを知りて、風あるの歳はこれを避けて至らず。」と見える。

ところが、元禄年代の「葦原雀」は、文化文政期になると、「吉原雀《よしわらすずめ》」に化けてしまう。これは、吉原で客を呼ぶ妓夫の声を、この鳥のさえずりに比較したものであるが、やがて、吉原遊郭の内情によく通じた遊び人のたとえ、ひやかし客のたとえとして用いられるようになった。阿波座烏《あわざがらす》・島原雀《しまばらすずめ》などの類と同じである。田畑の害虫を食べたりハエを退治したりする益鳥のヨシキリ（ヨシハラスズメ）も、ここに至って、身におぼえのない不名誉をかぶされてしまったのである。

能なしの眠《ね》ぶたし我を行々子（『嵯峨日記』）　芭蕉
よし切りや刀《と》禰《ね》の河面何十里（『蓼太句集三編』）　蓼太
よしきりや汐さす川の水遅し（『晋明集二稿』）　几董
よしきりの鳴き止むかたや筑波山（『俳懺悔』）　大江丸
門出吉《よ》し田よしとよし原雀かな（『文政八年句帖』）　一茶

ついでに、内田清之助・金井紫雲『鳥』が、ヨシキリの巣づくりについて記述している箇処を紹介しておこう。『よし切』にいま一つ趣味のあるのは、その巣の作り方の上手なことである、蘆や葭の間に、いろ〳〵草の繊維などの材料を運んで来て、巧みにその間に吊つて作り、その中に卵を生み落とす、そこで『巧婦鳥』といふ異名もある。／元来此の巧婦鳥といふのは、『みそさざい』の異名であるが、何時か混同してしまつたらしい、親鳥が、この変わつた形の巣の中に、雛を愛育して居るさまは、実に優しいものである。恰度、行々子が盛に啼く頃は、だん〳〵暑くなつて水の恋しい頃であるから、四囲の情趣から見て、一層その感じが深いのであらう。支考は『百鳥譜』の中に、この鳥を評して曰ふ。／倭国にも行々子といふ鳥あり、声はすこし濁りたるやうに侍れど啼く時はやゝ涼し／といふて居るのは同感である。」（二二一、剖葦）と。この鳥も〝母性愛〟の実行者として眺められた。

いったいに、日本の小鳥の名前には「巧婦鳥」式の名づけかたが多いが、これは、日本の学問が古くから中国儒教を〝パラダイム〟として仰ぎつづけ、学問といえば〝パラダイム〟の整備化＝経典化以外になかったことに由来する。近世では、朱子学（宋代儒学）で森羅万象が説明された。かえって、学問に無縁の一般庶民のほうが、儒教的〝パラダイム〟には無関係の自然認識をおこなった。ヨシキリを指示する民間語彙には、つぎのようなものがある。「がいがいし・ちょちょじ・がえがえず・からからず・よすぎり・がらけあし・ばんとん・ぎゃぎゃぢ、かかいち、きょうきょうす・よしきりすずめ・けやけやちん・げえげえず・よしどり・ととちかかち・きょうきょうじ・きうきうす・きうきうじ・ががらちん・ぎゃあぎゃあちう・ががらず・べべっちょかいかい・ぎょうぎょうしん・やちどり・よへいじ・げあげあちどり・ぎよぎよし・おおきら・しつらがい・よしぐい・あしからすずめ・きゆうきゆう・ふくらすずめ・おおきくらぎ・むぎうらし・きやうぎー・けけす・きよきよす」（清棲幸保『野鳥の辞典』）。上品とはいえないが、民衆のほうが正しく自然を見ていた証《あかし》にはなる。

秧鶏《くいな》 *(Porzana fusca)*

クイナは、通俗的な意味で日本的鳥類と称し得るもののなかでも、最も邦人の好尚に適しているといえよう。ふつうに「クイナ」と称しているのは、ヒクイナ（緋水鶏・緋秧鶏）のことで、これは、五月ごろ南方から渡って来て北海道・本州・奄美大島に夏鳥として繁殖する。尾短く脚長く趾細長く、頭黒く、背面赤褐色で、各羽に黒斑がある。河湖や水田などにいて叢中の潜行が巧妙で、水辺の草間に少量の枯れ草を集めて巣とする。鳴き声は、急調子で「キョッキョッ、キョキョキョキョキョ」と反復し、また一声ずつ間を置いて冴えた声で「コン、コン、コン」とも鳴く。その声がちょうど戸をたたくように聞こえるので、古来「たたく水鶏」と歌に詠まれた。他に、クイナ科には、おもに北海道で繁殖するクイナ（*Rollus aquaticus*）がある。これは、ヨーロッパ、北アフリカ、アジアなどに広く分布し、わが国では、北海道と本州の北では夏鳥であるが、それより以南の地方では冬鳥である。また、冬鳥として北方から秋に渡来するシマクイナ（*Porzana noveboracensis exquita*）があり、ヒメイクナ（*Porzana pusilla pusilla*）があり、いずれも小型で、細かい斑紋のある美しい種類である。べつに、韓国および台湾に産してわが国には稀にしか見られぬツルクイナなどの種類もある。

クイナは、『万葉集』には詠まれていないが、『本草和名』（九一八）には「鼁鳥音戸媧反能食鼁故以名之狛似水鶏 一名瘨鳥苦瘨蘇故人以血渥面即以名之出崔虫和名久比奈」と記載されているから、古い時代から、日本人には親しまれていたと考えるべきであろう。『源氏物語』澪標《みおつくし》の巻には、つぎのような小描写に使われている。

　月おぼろにさし入りて、いとゞえんなる御ふるまひ、尽きもせず見えたまふ、いとゞつつましけれど、はし近ううちながめたまひけるさまながら、のどやかにてものしたまふけはひ、いとめやすし、くひなのいと近う鳴きたるを、

　水鶏《くひな》だにおどろかさずはいかにして荒れたる宿に月をいれまし

と、いとなつかしう言ひけちたまへるぞ、とりぐ〵にすてがたき世かな、かかるこそ、なかく〵身も苦しけれと、おぼす、

　おしなべてたゝく水鶏《くひな》におどろかばうはのそらなる月もこそいれ

　うしろめたう、とは、なほ言に聞えたまへど、あだしき筋など、うたがはしき御心ばへにはあらず。

この紫式部の描写が、この才女自身の実体験をもとにしていたろうことは、想像に難くない。秋山虔は、『源氏物語』の世界について、「実人生で抱きとらされた不安と絶望を、そこで癒し克服するものとして虚構された、こ

の豊満な世界には、そうした虚構世界にしか生きられなかった実人生にみちている不安や絶望が、より純粋に、より濃密にそこに移転されていくことになったのもいたしかたない。」（『源氏物語』、Ⅵ紫式部と源氏物語）と、明晰な判断を加えている。昔からよく言われるとおり、藤原道長が紫式部をひそかにおとなったのを、彼女がはねのけたのは、だいたい事実と考えてよいであろう。すなわち、『紫式部日記』寛弘六年某月十一日の項に、つぎのごとき記載が見えている。——

渡殿に寝たる夜、戸をたたく人ありと聞けど、おそろしさに、音もせで明かしたるつとめて、
　夜もすがら水鶏《くひな》よりけになくなくぞまきの戸ぐちにたたきわびつる
返し、
　ただならじ戸ばかりたたく水鶏ゆゑあけてばいかにくやしからまし

紫式部は、すでに『源氏物語』明石の巻においても、クイナが戸をたたく描写をおこなっている。「たゞそこはかとなく薄れるかげどもなまめかしきに、くひなの打ちたゝきたるは、誰が門さしてと、あはれにおぼゆ」と叙して、明石入道の館をおとずれる光源氏の心境を、それとなく描きだしている。クイナの鳴き声を主人公の五官的世界と結びつけることによって、物語全体の〃主調底音〃を見事に奏《かな》でさせている。クイナの情趣の発見者は、もしかしたら、紫式部の個人的天才に帰せられるのかも知れない。

しかし、クイナが頻繁に文学の世界に持ち込まれるのは、平安朝歌人によって、その歌材ないし歌境として尊ばれるようになってから以後である。そして、それは多分に趣味的なものであった。

里ごとにたたく水鶏《くいな》の音すなり心のとまる宿やなからむ（『金葉和歌集』）　藤原顕綱
あはれにもほのかに敲《たた》く水鶏かな老の寝覚の曙のそら（『万代和歌集』）　後鳥羽上皇
夕月夜卯の花垣に影そひて軒ばに近く水鶏なくなり（『夫木和歌抄』）　京極為兼

時代は下るが、元禄十六年（一七〇三）刊の秀松軒編『松の葉』という書物は、当時流行の上方三味線歌を集成したものである。主として端歌《はうた》を集めたその第三巻に「水鶏《くゐな》」という歌の見えるのが注目される。

水鶏《くゐな》の鳥の、夜すがら敲きあけて置ひてさ、はや五月雨《さみだれ》、雨に色増す菖蒲《あやめ》のことはいの〱、山ほとゝぎす、またの東雲《しののめ》もない物か何ぞのやうに、待つ宵〱。

流行歌にしては情緒豊かであり、また品も悪くない。思うに、庶民は本当にクイナの鳴き声を聞いて感傷的な気分に耽《ふけ》ったものだったかもしれない。

近世俳諧の季題（夏）には「水鶏」「水鶏鳴く」「水鶏笛《くいなぶえ》」などがある。

水鶏《くゐな》啼くと人のいへばや佐屋泊り（『有磯海』）　芭蕉
水鶏啼く夜半に遊行の勤かな（『桃の実』）　其角
曇る日や水鶏ちらりと麦の中（『冬紅葉』）　惟然
挑《てう》灯《ちん》を消せと御意ある水鶏かな（『落日庵句集』）　蕪村
さまよへばくひな啼き出づる草の門《かど》（『枇杷園句集』）　士朗

クイナの語源について、貝原益軒の『日本釈名』（一六九九）は、「秧鶏《くいな》　くいの反《カヘシ》は、き也。なは鳴也。きなく也。人のやどに来りなく鳥也。くいなのたゝくなど云も、人のかどに来りなく也。」（巻之中）と述べるが、ちょっと無理のような感じがする。不明・不詳とするほうが合理的処置であろう。

鵜《う》　(*Phalacrocorax capillatus*)

ウは、ゼンボク（全蹼）目、ウ科に属する水鳥で、日本にいるのはカワウ（川鵜）とウミウ（海鵜）とのほか、少数のヒメウ、チシマウガラスの四種である。魚を常食とするので、くちばしの先端が鋭く曲がっており、指は四本、指の間には蹼《みずかき》がある。遊泳も潜水も巧みで、体長一〇センチメートル内外の魚ならば一度に二〇尾、ドジョウであったならば一度に三〇尾、文字どおり鵜呑みにすることができる。全身黒色で、暗緑色の光沢を帯びており、首が長い。カワウとウミウとの識別はむずかしいが、ウミウのほうが背面の緑色の光沢が強い。カワウはヨーロッパ、北アメリカ、アジアに分布し、日本では全国にいる。木の梢に小枝を集めて集団営巣し、一二月ごろから繁殖を開始し、一月から二月にかけて雛を育てる。愛知県知多郡美浜町上野間《かみのま》の〈鵜の山〉や、千葉県蘇我町大乗寺には野生のカワウが群生する。ガッ、ガッ、ガーと警戒の叫びをあげ、鋭いくちばしを向けたところは、水鳥というよりはむしろ猛禽獣を思わせる。糞《ふん》のために巣木が枯らされてしまうのが例だが、知多半島の〈鵜の山〉の場合のように、樹下に砂を敷いて糞を受け、肥料としているケースもある。岐阜市の長良川で鵜飼いに使われているのはウミウに属する種類で、茨城県の伊師浜海岸にいるものを鳥黐《とりもち》で捕《つか》まえてきたもの、ウミウは、日本では三陸沿岸

カワウ
高木春山『本草図説』（江戸時代末期）より
西尾市立図書館岩瀬文庫蔵

より北の海岸の絶壁で繁殖する。

さて、この鵜は、『古事記』の上巻《かみつまき》の大国主神の国譲りの段に「加此白《かくまを》して、出雲国の多芸志《たぎし》の小浜《をばま》に、天《あめ》の御《み》舎《あらか》を造りて、水戸神《みなとのかみ》の孫、櫛八玉神《くしやたまのかみ》、膳夫《かしはで》と為《な》りて、天の御饗《みあへ》を献《たてまつ》りし時に、禱《ほ》き白して、櫛八玉神、鵜《う》に化《な》りて、海の底に入り、底の波邇《はに》を咋《く》ひ出でて、天の八十毘良迦《やそびらか》を作りて、海布《め》の柄《から》を鎌《か》りて、燧臼《ひきりうす》に作り、海蓴《こも》の柄《から》を以ちて燧杵《ひきりぎね》に作りて、火を鑽《き》り出でて云ひしく」と見え、杵築大社に伝えられた祝詞《のりと》の一節である鑽火神事の起原を説いている。また、鵜葺草葺不合命《うがやふきあえずのみこと》の母豊玉毘売命《とよたまびめ》の分娩に関して、「爾《ここ》に即ち海辺の波限《なぎさ》に、鵜《う》の羽《は》を葺草《かや》に為《し》て、産殿《うぶや》を造りき。是《ここ》に其の産殿、未だ葺き合へぬに、御腹《みはら》の急《あわただ》しさに忍《しの》びず。故《かれ》、産殿に入り坐《ま》しき」と見える。そうしてみると、七、八世紀以前の祭祀行事には、鵜は〈聖なる鳥〉の役目をになったことが想像される。

神武天皇が、東征軍の疲労を見て「楯竝《たてな》めて　伊那佐《いなさ》の山の　樹《こ》の間よも　い行きまもらひ　戦へば　吾はや飢《ゑ》ぬ　島つ鳥　鵜養《うかひ》が伴《とも》　今助《す》けに来《こ》ね」（歌謡番号一五）と歌ったという記述も見える。鵜飼部という官職も相当古くからあった。鵜の肉はまずくて食べられないのだから、やはり魚を捕らえるのに鵜を用いたのであろう。鵜による漁撈法は、紀元五、六世紀以前から中国四川省で行なわれており、これが日本に輸入されたものと推測される。

阿部の島鵜の住む石《いは》に寄する波間《ま》なくこのごろ大和し念ほゆ（巻第三、三五九）　山辺赤人

玉藻刈る辛荷《からに》の島に島廻《しまみ》する鵜にしもあれや家念はざらむ（巻第六、九四三）　山辺赤人

こもりくの　長谷《はつせ》の川の　上つ瀬に　鵜を八頭潜《やつかづ》け　下つ瀬に　鵜を八頭潜《やつかづ》け　上つ瀬の　年魚《あゆ》を咋《く》はしめ
下つ瀬の　鮎を咋《く》はしめ　麗《くは》し妹に　鮎を惜《あたら》　麗し妹に　鮎を惜　投ぐる箭《さ》の　遠離り居て　思ふそら　安か
らなくに　嘆くそら　安からなくに　衣《きぬ》こそは　それ破《や》れぬれば　継ぎつつも　又も逢ふといへ　玉こそは
緒の絶えぬれば　括《くく》りつつ　またも逢ふといへ　またも逢はぬものは　嬬《つま》にしありけり（巻第十三、三三三〇）

婦負河《めひがは》の早き瀬ごとに篝《かがり》さし八十伴《やそとも》の男《を》は鵜河《うかは》立ちけり（巻第十七、四〇二三）　　大伴家持

『万葉集』から例歌四首を引いてみたが、前二者は自然観照ふうに鵜を描いたもの、後者は鵜飼による漁獲のさまを踏まえて歌ったもの。鵜が海や川に棲息する情景のあらあらしさも、それ自体、りっぱに詩趣をつくりだすが、鵜飼の面白くまたかなしい風情《ふぜい》も詩趣たり得る。

鵜飼は、『源氏物語』藤裏葉の巻、六条院行幸のくだりに「東の池に船ども浮けて、御厨子所の鵜飼の長、院の鵜飼を召しならべて、鵜をおろさせ給へり。ちひさき鮒ども食ひたり。わざとの御覧とはなけれど、過ぎさせ給ふ道の興ばかりになん」とあって、神無月二十日あまりの行幸のための趣向のひとつに、これが選ばれていたと記している。中世になると、謡曲の『鵜飼』が登場する。日蓮上人が甲斐の石和《いさわ》川で鵜匠の幽霊に遭い、これを成仏させる、という筋。「既に此の夜も更け過ぎて、鵜使ふ頃にもなりしかば、いざ業力の鵜を使はん、是は他国の物語、死したる人の業に依り、かく苦しみの憂き業を、今見ることの不思議さよ。しめる松明ふり立てて、藤の衣の玉だすき、鵜籠を開きて取出し、島つ巣おろし荒鵜ども、此河波にばっと放せば、おもしろの有様や」と、シテの鵜づかいの動作や心理を縦横に描いてみせている。

長良川の鵜飼は、それがいつごろから始まったものか明らかではないが、一〇世紀ごろに成立した『倭名類聚鈔』にもこの国の鵜飼の郷の名が記載されているところを見ると、相当に古い由来をもつことがわかる。平安時代には京都の宇治川や桂川の鵜飼が有名で、全国各地の河川で行なわれていたものだった。そのなかで、特に長良川の鵜飼だけが名高くなったのは、江戸時代になってから、毎年、将軍家へ鮎鮨を献上する慣例になって、特別に保護を受けたためである。鵜飼の形式には、昼間行なうものと、夜間灯火を用いて魚類を集めて行なうものと、二通りのものに大別される。また、鵜の使いかたによって、追い鵜（張った網のなかへ魚を追い込ませる方法）と、獲り鵜

（鵜に魚をくわえさせて獲る方法）とに分かれる。長良川のは、後者の方法によるもので、舟を用い、鵜匠が鵜縄の一端を持ってあやつる。鵜を使って獲る魚は、季節により、また河川沼湖の状況によって異なるが、長良川のはもっぱら鮎に限られている。『和漢三才図会』には「漁人鸕鷀をして魚を捕らしむ。魚の咽に下らざる時、其咽を推せば則ち自ら出す。鸕鷀常に之を馴れ知つて漁人の手を俟たずして魚を吐く、亦妙なり。其鵜を使ふの人、濃州岐阜辺の者至つて巧なり。一挙に十四隻を放つ、余国の漁人相及ばず。」と見える。

このように令名が高まったあとでは、当然のことではあるが、近世俳諧に鵜飼を詠んだ名品が多くあらわれる。

おもしろうてやがて悲しき鵜舟かな（『曠野』）　芭蕉
細道に篝こぼるる鵜舟かな（『初蟬』）　許六
いさぎよし鵜の胸分けの夜の水（『葎亭画賛』）　太祇
しののめや鵜をのがれたる魚浅し（『蕪村句集』）　蕪村
夕やけのさむるにはやし鵜川人（『乙二発句集』）　乙二
はなれ鵜が子のなく舟にもどりけり（『おらが春』）　一茶

これまで見たところでは、日本の伝統的美のなかで占める鵜の地位は相当に高いと言えよう。俗語で申せば、鵜は「評判がいい」ということになる。それはそれで少しも不合理な点はないのだが、いっぽう、鵜に対して、貰めっぱなしではいられない（どちらかといえば、この鳥を嫌った）論者も存在した事実をも、わたくしたちとしては見過ごしてはならないだろう。その一つ、各務支考の『百鳥譜』は、こう叙しているのである。「鵜といふものは詮なき鳥なるべし、早川に魚などかづきあげたる、おのれならずとも網して得べし、さるものならば弁へぬこともあるべきに、人の手にかはれて追はみたる、魚をも白地に吐かせて、それをめでたしとささめし、笹の葉うちきせて贈りも贈られもする人は、鳥よりは一しほ劣り侍らんか。」と。ややヒステリックな語調ではあるが、論旨にはじゅうぶん頷き得る。必ずしも〝臍曲がり〟の提言とのみは解されない。

鴛鴦《おしどり》 (*Aix galericulata*)

オシドリは、ガンカモ目ガンカモ科の水鳥で、シベリア・朝鮮・中国・日本・台湾などに広く分布する。形はカモ（鴨）に似ているが、それよりは小さく、雌雄形を異にする。しかし、他のカモ類とは違って、留鳥《りゅうちょう》で、夏は山間の森林のなかに棲息し、水べの高い樹洞《じゅどう》に産卵する。秋になると、渓流をくだっていって、平野に出てくる。

オシドリの雄は、頭に紫黒色の羽冠があり、その色彩は複雑鮮麗である。翼の上には、緑のところに緑がかった光沢のある茶褐色の飾り羽がある。金井紫雲『鳥と芸術』は、「此の鳥は、古来もの繁く絵画などに描かれる理由の一つは、将にその色彩と形状である。鳥の中には随分美しい色彩を有するものがあるが、水禽では先づ鴛鴦を第一とする、尤も美しいのは雄丈けでその色彩の如き、洽く人に知られてゐるので、こゝに贅するまでもないが、その特長とするのは、後列風切羽の一枚が変化した、あの褐色の銀杏葉である。誰がつけたか、全く銀杏の葉によく似てゐる、その上に向かつてゐる先が尖つてゐるので、剣羽ともいひ、思ひ羽とも呼ぶ、剣羽といふのは、漢の白霊が故事で、この羽で帝の首を斬つたので、かう呼ぶといふことが昔の俳書にあるが出所詳かでない。思ひ羽は誠にやさしい名である。その殿上人の眉のやうな冠羽も面白ければ、淡紅色の嘴も綺麗である、雌はこれに比較すると、色彩も単調で、全体が灰褐色で唯斑であつたり、腹が白かつたりする丈けである。併し雄も夏の換羽期になると、美しい羽毛も抜けてしまひ、雌と同じやうな色彩となつてしまふ。だから、此の鳥を眺めるには秋の末から春までがよい。」（四七、鴛鴦）という解説を与えている。

　しかし、オシドリといえば、なんといっても、「比翼連理」（出典は、白居易「長恨歌」の「在レ天願作二比翼鳥一、在レ地願為二連理枝一」に求められる）とか、「鴛鴦契《えんおうのちぎり》」（出典は、『列異伝』の「宋康王埋二韓憑夫妻一、宿夕文梓生、有二鴛鴦雌雄各一一、恒棲二樹上一、晨夕交レ頸、音声感レ人」に求められる）とか、「鴛鴦偶《えんおうのぐう》」（出典は、李白「去婦詞」の「常嫌二玳瑁孤一、猶羨鴛鴦偶」に求められる）などの熟語成句に見られるとおり、夫婦仲の睦《むつま》じいすがたの比喩に用いられていることに、最も注意されねばならないであろう。じっさい、オシドリの番《つがい》は、水上を泳ぐときには翼をつらねて泳いでいるし、陸に憩うときにもお互いにいたわり合うような動作をつづけている。オシドリの語源について、新井白石の『東雅《とうが》』が「この物の名は上古の時には聞えず、さらば後の人、其雌雄未嘗相離之義によりて雌雄の字の音をもて呼びしなるべし。」という説明をしているが、妥当な説であろう。おそらくは、日本でオシドリと呼んでいる小鳥は、中国古典の「鴛鴦」とは同名異物であろう。七〜八世紀ごろの日本律令知識人には、中国詩文で大事に扱われている「鴛鴦」の実物ないし正体がわからなかったであろうし、ただ字面《じづら》のうえでのみ言語シンボル（象徴的意味）を導入して事《こと》を済ませるのは常套手段であったから、この場合も、当然、そうしたであろうと推測される。すでに『万葉集』のなかに、中国詩文の模倣が顕著にあらわれていることを指摘できる。

妹《いも》に恋ひ寝《い》ねぬ朝明《あさけ》に鴛鴦《をしどり》のここゆ渡るは妹が使か（巻第十一、二四九一）　柿本人麻呂

磯の浦に常喚《よ》び来棲《きす》む鴛鴦の惜しき吾《あ》が身は君がまにまに（巻第二十、四五〇五）　大原今城真人《おほはらのいまきのまひと》

鴛鴦《をし》の住む君がこの山斎《しま》今日見れば馬酔木《あしび》の花も咲きにけるかも（同、四五一一）　御《み》方《かたの》王《おほきみ》

このように、最初は教養主義から発した中国起源のオシドリ礼賛も、だんだん日本人の生活や美意識のなかに融け込むようになると、いくつかの美しい口碑伝説を生むようになってくる。たとえば、つぎの口碑伝説は『古今著《ここんちょ》聞集《もんじゅう》』（一二五四年成立）に見えるものだが、同種の伝承は各地におこなわれたものと想像される。

七一三　馬允某陸奥国赤沼の鴛鴦を射て出家の事

みちのくに田村の郷の主人、馬允《うまのじょう》なにがしとかやいふをのこ、鷹をつかひけるが、鳥をえずしてむなしくかへりけるに、あかぬまといふ所に、をしの一つがひゐたりけるを、くるりをもちて射たりければ、あやまたずをとりにあたりてけり。そのをしを、やがてそこにてとりかひて、えがらをばえぶくろにいれて、家にかへりぬ。そのつぎの夜の夢に、いとなまめきたる女のちひさやかなる、枕にきてさめ〴〵となきゐたり。あやしくて、「なに人のかくはなくぞ」と問ひければ、「きのふあかぬまにて、させるあやまりも侍らぬに、としごろのをとこをころしたまへるかなしみにたへずして、まゐりてうれへ申《まうす》也。この思《おもひ》によりて、わが身もながらへ侍《はべる》まじきなり」とて、一首の歌をとなへて、なく〳〵さりにけり。

日くるればさそひしものをあかぬまのまこもがくれのひとりねぞうき

あはれにふしぎに思《おもふ》ほどに、なか一日ありて後、えがらをみければ、えぶくろに、をしの妻どりの、はしをおのがはしにくひかはして、しにてありけり。これをみて彼馬允《かのうまのじょう》、やがてもとどりをきりて、出家してけり。

此《この》所は前刑部《の》大輔仲能朝臣が領になん侍《はべる》也。

この悲しき説話は、ラフカディオ・ハーン（小泉八雲）の『怪談』にも再話化されている。よほど、ハーンの心を打ったものと思われる。ここまでくれば、中国起源のオシドリ説話も、もはや完全に、日本の‘story’になり切っていると言わねばならない。

こうして、オシドリは、一方で、雄の翼の美しさが、他方で、夫婦仲の睦《むつま》じさが、日本の教養人の間で尊重された。そして、それが、日本文学のなかで固定し、さらに造形美術のなかで固定していった。〃日本美〃の形成過程を跡づけるには、その意味で、恰好《かっこう》の好材料ということができる。じっさいに、「春日権現霊験記絵」をはじめ、古くから画材に選ばれたし、また和歌の題材に選ばれた。雄の翼の一部に大きな三角形の飾り羽のあるのを「銀杏羽《いちょうばね》」とよび、尾の羽が船の舵《かじ》のような形をしているのを「思羽《おもいばね》」「剣羽《つるぎばね》」とよび、雌雄仲のよいのを「番鴛鴦《つがいおし》」「鴛鴦《おし》の契《ちぎり》」とよび、雌雄が羽を交わして臥したさまを、「鴛鴦《おし》の衾《ふすま》」（のちには、鴛鴦を縫いものにした寝蒲団をいうようになったが）とよび、さらに堂上あるいは僧家に用いる鼻高という反《そ》り沓《ぐつ》を「鴛《おし》の沓《くつ》」とよび、これらは類題（冬）および季題（三冬）として用いられた。年代はいきなり飛ぶが、元禄八年刊『本朝食鑑』の「鴛鴦」の項を見るに、「今俗、鴛の一字を用ゆ。歌人最もこれを用ゆ。形小にして鴨に似たり。羽毛に五采あり。頭に玄纓あり。頸に紅糸あり。尾の前に小羽あり、船の柁《かぢ》のごとし。あるいは擢扇の半辺なるがごとし。俗に剣羽と称す。これ、世談の誑《いつは》り拠《よ》りてもつて名づくるか。家々これを養ふ。もつて雌雄相離れず、群伍乱れず、式度あるに似、および采色の麗しきを愛して、庭池に放つ。しかれども、鳧鴨と同居し、ややもすれば鳧鴨を逐い拒く。」「いにしへより歌人これを賞し、寒池の小鳥を詠ずるときは、すなはち必らず鴛・鳰・鴴をもつて佳趣となす。」とある。いわゆる〃日本美〃の理念は、近世に至って完成点に到達する。

「いにしへより歌人これを賞し」といわれているから、ここで、そのサンプルを二、三あげておくことにする。

冬の夜を寝覚めて聞けば鴛《をし》ぞ鳴く払ひもあへず霜や置くらむ（『古今和歌六帖』）　読人知らず

水のうへにいかでか鴛《をし》の浮かぶらむ陸《くが》にだにこそ身は沈みぬれ（『長秋詠藻』）　藤原俊成

139 鴛鴦（おしどり）

曾我直庵「花鳥図屏風」部分
桃山時代、東京国立博物館蔵

鴛《をし》のゐる氷のひまに月冴えて心の底ぞまづは砕くる（夫木和歌抄）　藤原定家

俳諧においては冬の季題として用いられるのが普通だが、慶安四年刊『御傘《ごさん》』に「鴛・鴨などに涼しきと結びては秋なり、と無言抄にあり。これ、おぼつかなし。かやうの冬の物にも、涼しき・暑きの詞を添ふれば、夏になるなり」とあるのが典拠となって、現在も「鴛鴦涼し」といえば夏の季語に用いられる。オシドリは、一般の鳥とは冬羽・夏羽の時期がずれていて、夏の末から秋にかけて美しい夏羽となり、冬を通して翌春まで夏羽のままでいるが、繁殖が終わる六月ごろから汚ない冬羽となってしまう。したがって、冬のオシドリの美麗なのは夏羽のままでいるためなのである。

帰り来て夜をねぬ音や池の鴛《をし》（『太祇句選』）　太祇
里過ぎて古江に鴛《をし》を見付けたり（『蕪村句集』）　蕪村
しのびねに鳴く夜もあらん離《はな》れ鴛《をし》（『暁台句集』）　暁台
まらうどに鴛《をし》呼ぶ寺の小僧かな（『晋明集四稿』）　几菫
離れ鴛《をし》一すねすねて眠りけり（『七番日記』）　一茶

オシドリの学芸的意味が中国伝来のものであったことから、日本画の画題も、当然、その制約をこうむって固定化せざるを得なかった。まず「掖庭鴛鴦図」というのは、楊貴妃と明王とが興慶池の近くで帳中《ちょうちゅう》に昼寝しているあいだ、多くの官女が水殿の欄干から池のオシドリを眺めている人物画である。「春塘並夢」は、青柳の芽のほころびる水辺にオシドリが無心に泳いでいる花鳥画。「牡丹鴛鴦」は、水禽のナンバーワンと、百花のナンバーワンを対照させた絢爛な花鳥画。「浪暖桃香」は、柳と桃とが出揃った陽春ののどかな水辺にオシドリが遊んでいる構図。――これらが、その固定化された画題であるが、近世の伊藤若沖の〝個人的才能〟は、「雪中鴛鴦図」のような独創的モティーフを付け加えずにはいなかった。尾形光琳にも「金地雪中老松鴛鴦屏風」の傑作がある。

鶏　(*Gallus gallus* var. *domesticus*)

ニワトリは、キジ・ウズラ・シチメンチョウなどと同じく、キジ科に属する。現在のニワトリには多くの種類があるが、その起源は野鶏《やけい》(Gallus gallus) に発し、人類が長い年代をかけて家禽化したものである。野鶏は、現在でも、南方アジアに棲息する。アカイロヤケイ、ハイイロヤケイ、アオエリヤケイ、セイロンヤケイのうち、最も分布の広い赤色野鶏がいちばんニワトリに近い関係をもつと考えられている。家禽には、形態的に野生の原種に比べて殆んど変化のない孔雀、ホロホロ鳥、シチメンチョウがある一方、ニワトリや鳩のように著しく原種と違ってしまっているものがある。野鶏が飼い馴らされてニワトリになってから、体が大きくなったこと、産む卵の数がふえたこと、卵を抱いたり雛を育てたりする能力が弱まってきたこと、体が頑丈でなくなったこと、などなどの新しい性質が認められる。ニワトリは温和で、飼いやすく、馴らしやすく、いちどきに多数のものを飼えるし、餌や気候にかかわりなく生産が多い、などの理由で、世界中に広くゆきわたっている。

日本のニワトリは、明治以降の日本人の食生活の変化にともなって、鶏卵および鶏肉が日常の食卓をにぎわすようになってからというもの、その文化的価値ないし社会的権威をひどく下落させてしまった観がある。しかし、ずっと以前には、社会的にもっと鄭重に扱われていたし、文化的にもっと高い地位を与えられていたのであった。こんにち、ただたんに「卵」といえば鶏卵をさし、ただたんに「鳥肉」といえば鶏肉をさすので、この意味では、どうやら、ニワトリは鳥類を代表するもののごとく受け取れないこともないけれど、往昔にあっては、このような産業レヴェルもしくは消費食料のレヴェルを超えた高い次元で尊重の対象となっていたことを、まず忘却すべきではない。

だいいちに、日本のニワトリは、形姿においてはずば抜けて美しいし、鳴き声において比較を絶して複雑かつ繊細なのである。日本列島住民は、おそらく朝鮮半島経由で輸入された大陸系のニワトリに、そののち東南アジアから随時運搬された品種をかけ合わせるなどして、得意のお家芸である〝品種改良〟の秘術を尽くし、近世から現代に及ぶ間に、独得の「日本鶏」の品種をば、じつに二十数種もつくりだした。けだし、生ける芸術作品とさえ称し得るほどである。それら「日本鶏」の形姿は、よほど西欧人の興趣をそそるらしく、これは第二次世界大戦前の事例であるが、「日本鶏」の剥製がアメリカの研究者や好事家《こうずか》から頻りに需《もと》められたものだった。日本人がわは日本人がわで、尾長鶏《おながどり》（高知）・東天紅《とうてんこう》（高知）・黒柏《くろがしわ》（山口）・尾曳《おびき》（高知）・蓑曳《みのびき》（東海地方）・薩摩鶏《さつまどり》（南九州）・唐《から》丸《まる》（新潟）・比内鶏《ひないどり》（秋田）・鶉尾《うずらお》（高知）・地頭鶏《じとっこ》（南九州）・八木戸《やきど》（三重）、そのほかの珍しいニワトリを、天然記念物に指定して、保存につとめた。天然とはいうけれど、じじつは、人工のみによって出来上がった（本当のことを言ってしまえば、花でもなんでも、この〝人工〟の妙味が日本文化の決定的要素となっているのではないか）これら珍しい品種を保存していく仕事は、それ自体、たいへん努力を必要とするはずだが、この努力を貫いてこそ〝人工〟の妙味に百パーセント酬われることになるのだろうと思う。

内田清之助『鳥』は、ニワトリに関する問題整理を、つぎのようにおこなっている。——

元来、本邦では、実用的な鶏は殆ど発達しなかつたのである。僅かに名古屋コーチンや三河種があるだけで、余は凡て外国で出来たものを輸入したものである。処が娯楽用の鶏は、日本に於て非常な発達を示して居る。娯楽用の鶏は、凡そ四種類に分たれる。

（一）鑑賞用種
（二）闘鶏用種（軍鶏）
（三）声楽用種（この種類は特に我国が本場である）
（四）矮鶏種（バンタム）

さて、日本の古典に登場するニワトリの第一号ということになると、『古事記』上つ巻の、天の石屋戸の段を挙げねばならぬ。

故是《かれここ》に天照大神見畏《みかしこ》みて、天の石屋戸《いはやと》を開きて刺許母理坐《さしこもりま》しき。爾に高天《たかま》の原皆暗《くら》く、葦原《あしはら》の中つ国 悉《ことごと》に闇《くら》し。此れに因りて常夜往《とこよゆ》きき。是《ここ》に万《よろづ》の神の声は狭蠅《さばへ》なす満ち、万《よろづ》の妖《わざはひ》悉に発《おこ》りき。是《ここ》を以《も》ちて八百万の神、天の安の河原に神集《かみつど》ひ集《つど》ひて、高御産巣日《たかみむすびの》神の子、思金《おもひかねの》神に思はしめて、常世《とこよ》の長鳴鳥《ながなきどり》を集めて鳴かしめて、天の安の河の河上の天の堅石《かたしは》を取り、天の金山《かなやま》の鉄《まがね》を取りて、鍛人天津麻羅《かぬちあまつまら》を求《ま》ぎて、伊斯許理度売《いしこりどめの》命に科《おほ》せて鏡を作らしめ、玉祖《たまのやの》命に科せて、八尺《やさか》の勾璁《まがたま》の五百津《いほつ》の御須麻流《みすまる》の珠を作らしめて、天児屋《あまのこやねの》命、布《ふ》刀玉《とだまの》命を召《め》して、天《あめ》の香山《かぐやま》の真男鹿《まをしか》の肩を内抜《うつぬ》きに抜きて、天の香山の天の波波迦《ははか》を取りて、占合《うらな》ひ麻迦那波《まかなは》しめて、天の香山の五百津真賢木《いほつまさかき》を根許士爾許士《ねこじにこじ》て、上枝《ほつえ》に八尺の勾璁《まがたま》の五百津の御須麻流の玉を取り著け、中枝《なかつえ》に八尺鏡《やたかがみ》を取り繫《か》け、下枝《しづえ》に白丹寸手《しらにきて》、青丹寸手を取り垂《し》でて、此の種種《くさぐさ》の物は、布刀玉命、布刀御幣《ふとみてぐら》と

鶏の埴輪
栃木県鶏塚古墳出土
東京国立博物館蔵

取り持ちて、天児屋命、布刀《ふと》詔戸《のりと》言禱《ごとほ》き白《まを》して、天手力男神、戸の掖《わき》に隠《かく》り立ちて、天宇受売命、天の香山の天の日影を手次《たすき》に繋けて、天の真拆《まさき》を縵《かづら》と為《し》て、天の香山の小竹葉《ささば》を手草《たぐさ》に結《ゆ》ひて、天の石屋戸に汙気《うけ》伏せて蹈《ふ》み登杼呂許志《とどろこし》、神懸《かむがか》り為《し》て、胸乳《むなち》を掛《か》き出で裳緒《もひも》を番登《ほと》に忍《お》し垂れき。爾に高天の原動《とよ》みて、八百万の神共《とも》に咲《わら》ひき。

速須佐之男命の乱暴を見て憤慨したもうた天照大神が天の石屋戸に姿を隠してしまわれたとき、八百万の神が天の安の河原に会合して〝原始的代議制度〟を運用した、というこの条《くだり》は、日本神話のなかでも最も人々に親しまれている部分である。正史たる『日本書紀』の記述も、だいたい『古事記』と同内容である。とにもかくにも、太陽神にお戻りねがわなくてはならぬとする決定がなされ、そのための具体的方策の筆頭に「思金神に思はしめて、常世の長鳴鳥を集めて鳴かしめ」る手段が選択された。神々のうちでもナンバーワンの知恵者である思金神が、日神《にっしん》を呼び返す最重要のタレントとして、わがニワトリ君を採用したというのである。このように、ニワトリは、祭祀ないし神事のなかで大きな役割をはたした。そして、ここで「常世の長鳴鳥」と指示されているのがわがニワトリ君であることは、古来、学者間に異論がないようである。新井白石の『東雅』、本居宣長の『古事記伝』などは、それまでの先行業績をいちいち網羅引証しながら、そのように断定して憚らない。わたくしたちもまた、敢えて反論を提出する理由をもたないように思われる。

ただ、そうなると、日本列島には、神代のときからニワトリが棲息していたごとく考えられがちだが、はたして、そう言い切ってよいかどうか。神代とまで限定せずとも、記紀が撰修された八世紀半ばごろまでにはニワトリは日本列島住民の生活圏内に入っている、というふうに、単純に考えられがちだが、はたして、それさえ言い切ってよいものかどうか。わざわざ問題点に据えて観察し直すとすると、さて、この問いには俄かには答えられなくなってしまう。

今のところ、いちばん科学的＝客観的な答えを出しているのは、小穴彪《おあなひょう》の『日本鶏の歴史』ちゅうの所説である。小穴は、文献家というよりも、みずから日本ニワトリの実地研究を進めた実践家であるので、その言説には特に信頼がおけるように思う。

高知県へ行くと、そこには龍河洞と称する大きな鍾乳洞があり、その中には古代民の居住跡もあるので、その附近の人々のうちには、そこが高天原の天岩屋戸であり、長鳴東天紅が常世の長鳴鳥の子孫であると信じている者があるようだ。又、九州へ行くと、そこには高天原と思しき処が方々に在り、長鳴鳥にふさわしい薩摩鶏が居るので、それが常世の長鳴鳥の子孫であると考えている向もある。そういうように、全国到る処に高天原があり、常世の長鳴鳥の子孫がいる。だが、私は『古事記』や『日本書紀』にある常世の「長鳴鳥」という名称は、それは『古事記』や『日本書紀』の編集者が、中国の文献に掲げてある『長鳴鶏』の名を藉りて来たに過ぎないと考えている。それは、長鳴鳥は何れの書物のうちに於てもその存在は記録的に現わされているのではなく、単に神話の一場面に出てくるというだけのことであること、長鳴鳥の現われた場面には、その時特に作られたと言われるものが数々ならべられ、そこへ鶏を出すとすれば普通鶏では周囲のものに比べて適わしくなかったこと、又『古事記』や『日本書紀』の編集された時代は、中国に於ては唐時代に当り、中国に於ける長鳴鶏に関する記録の載っている書籍、即ち『漢書』（後漢）、『漢官儀』（後漢）、『斉民要術』（後魏）、『西京雑記』（晋）、『呉録』（晋）、『広志』（晋）、『交州記』（晋）、『蒙求』（唐）等は皆唐又はそれより以前に撰せられたものであるから、記紀の編集者等は、たとえその全部を見ないにしても、そのうちの幾冊かは読んで、中国の長鳴鶏のことを知っていたに違いないと思われること等から、私は長鳴鳥は中国の長鳴鶏から藉りて来た名称であると断じたわけである。

ところで、こゝに見逃してはならぬ事実がある。それは我が国の各処にいる常世の長鳴鳥の子孫と信じられているものは、奇しくもその悉くが、さきに挙げた中国の長鳴鶏は我が国に渡来して小国と呼ばれるようになったが、我が国の各処に散在する長鳴鶏は皆その子孫である。然るに、小国の渡来年代は、今までの研究によれば、平安時代より古くは溯り得ない。

（奈良時代まで／三、常世の長鳴鳥）

すなわち、小穴説によると、記紀に謂うところの「常世の長鳴鳥」とは日本律令知識人たちが、中国文献に見える「長鳴鶏」の術語《ターム》を、その実物をも知らずに文字（概念）だけ借用したものに過ぎなかった。なにしろ、日本神話は、そのしょっぱなの天地創造の段からして、『淮南子《えなんじ》』（前一三三年成立）天文訓からのほぼ完全な（部分的に、語句上の入れ替えをおこなっただけである）まる写しをやって平気でいるくらいだから、別の言い方をすれば、それくらい中国古典を忠実に踏まえることによって自己記述の権威やリアリティを確立しようとしたのであるから、天の石屋戸の段を記述するにさいして、自分たちが実際に見聞したこともない「長鳴鶏」を登場させたとしても、少しも不思議はない。そして、例のごとく「常世の長鳴鳥」といった〝日本化〟の操作を加えたとしても、少しも不自然ではないのである。大切なことは、そんなにしてまで、ニワトリを〝文化的象徴〟として扱わずにはいられなかった、という点である。

つぎに、中国の長鳴鶏に関する典拠を洗ってみなければならない。『異物志』『西京雑記《せいけいざつき》』『交州記』『述異記』など、東漢から晋魏時代にかけて書かれた作品のなかには、いくらでも出てくるが、さてそれらが律令体制確立期の日本の知識人の目に触れたかどうかということになると、はなはだ覚束ない。ところが、ここに、確実に日本律令知識人によって使用された、というよりは、殆ど〝虎之巻《とらのまき》〟のようにして朝な夕なに首っぴきで利用された、文芸エンサイクロペディアがあった。それは『芸文類聚《げいもんるいじゅ》』（初唐の欧陽詢の撰）である。その巻第九十一鳥部中をみると、「鶏」の項目がちゃんとあり、「爾雅曰。鶏大者蜀。蜀鶤。絶有力奮。鶏三尺為鶤。春秋運斗枢曰。玉衡星精散為鶏。又説題辞曰。鶏為積陽。南方之象。離為日、積陽之象也。火陽精物。炎上。故陽出鶏鳴。以類感也。日将出、預喜於類。見而鳴也。易曰。巽為鶏。鶏知時号令之謂。周官曰。工商執雞。取其守時而動。毛詩曰。君子于役。不知其期。曷至哉。鶏栖于塒。鑿牆而栖曰塒。又曰。鶏栖于桀。栖於弋為桀。又曰。風雨。思君子也。乱世不改其度焉。風雨凄凄。鶏鳴喈喈。風雨如晦。鶏鳴不已。礼記曰。子事父母。鶏初鳴。咸盥漱。又曰。季冬之月。雉鴝鶏乳。……」というふうに、およそ七世紀の半ばごろより以前のすべての書物のなかから「鶏」に関する記事を抜き出している。まだまだ、この抜萃記事は、右に引いた分量の十三倍もつづく。すでに見えた「陽出鶏鳴」「巽為鶏」「風雨如晦。鶏鳴不已」だけでも、『古事記』天之石屋戸の段の神話的モティーフの下敷きになり得たであろうことは、ほぼ推測がつくはずだが、それにしても、こういう記事がずらりと列んでいるのを最初に眼にした時の日本律令知識人の驚天動地に近い感激＝感歎はいかばかりであったろう。

さて、その『芸文類聚』のなかに、ずばり「長鳴鶏」なる用例の現われている個処を、左に摘出《エキストラクト》してみよう。

○広志曰。鶏有胡髯五指金骹。白雞金骹者善奮。幷州所献呉中送長鳴鶏。
○呉録曰。魏文帝遣使求長鳴短鳴鶏。群臣以非礼。欲不与。孫権勅付之。
○江表伝曰。南郡献長鳴承露鶏。
○晋陸善長鳴鶏曰。美南鶏之殊偉。察五色之異形。何伺晨之早発。抗長音之逸声。
○晋習嘏長鳴鶏賦曰。嘉鳴鶏之令美。智窮而入霊。審琁璣之廻遽。定昏明之至精。応青陽於将旦。忽鵠立而鳳停。乃拊翼以讃時。遂延頸而長鳴。若乃本其形像。詳其羽儀。朱冠玉璫。彤素並施。紛葩赫奕。五色流離。殊姿豔溢。彩燿華披。扇六翮以増暉。舒毳毛而下垂。

○晋湛方生長鳴鶏賛曰。精心妙覚。独暁冥冥。風雨如晦。不借其鳴。

じつは「長鳴鶏」という固有名詞でなしに「長鳴」という動詞もしくは形容詞・副詞を摘出していったところ、この二倍もの分量のものが集まった。しかし、当面の課題はあくまで「長鳴鶏」という中国産ニワトリの追跡にあったので、他は全部捨ててしまった。そして、これだけの文献をはっきりさせたあととなっては、もはや、天の石屋戸の段の「常世の長鳴鳥」が中国起源であることは否定しようにも否定できないのではないかと思う。小穴説は正しいのである。

小穴彪は、わたくしとは別の史料を蒐集し駆使しながら、「中国の長鳴鶏の体型、羽色、その他の特性につき相当細かい処まで知ることが出来た」として、つぎのように「長鳴鶏」の正体を突きとめている。それを紹介すると――

一、闘鶏であって、勇敢に闘った。
一、尾蓑の長さに就ては充分に知ることは出来ないが、とにかく彼等は長尾鶏であった。
一、優秀なるものの羽色は五色であった。
一、長鳴性を有っていて、その鳴声は清朗であった。
一、時刻を正確に告げた。
一、長鳴きの長さは普通鶏の二、三倍程度のものがいた。
一、体格の相当大きなものもいた。
一、冠は普通一枚冠であったが、中にはそうでないものもいた。
一、耳朶白色のものもいた。

一、よく馴れ、主人の意の儘に鳴くものがいた。

以上の特性と我が小国の特性とを対比すれば、両者の関係は自ら明らかである。けっきょく、小穴の説明からすると、中国の「長鳴鶏」と日本の「小国」とは殆ど同一の品種である。「小国は、その容姿端麗典雅であるが、うちに勃々たる闘志を蔵しているのは、本種は闘鶏アヤム・ジャラの血をうけているからである。中国の長鳴鶏時代本種が闘鶏として使われたことは傳元の闘鶏の賦を見ても判るし、我が国へ渡来したのが中国に於て闘鶏の全盛を極めた唐時代であり、我が国に於ても闘鶏が盛んに行われた平安時代であることを思うと、それが何のためであったかは思い半ばに過ぎるものがあろう。事実はやがて天覧闘鶏となって現われた。その最初の天覧闘鶏に登場したものが何種であったかは明らかに示されてはいないが、その後、年中行事として行われた宮廷鶏合に、常例として小国が進ぜられたことを考えると、それに新来の小国も参加したであろうことは想像に難くない。／かくの如く、小国は、身に新羅繍衫《シウシン》をまとい、長尾長蓑《サ》、又美声よく謡うが、元来闘鶏であるが故に、本種は、単に嬋妍たる手弱女の如きものであってはならないと思う。」（前掲書、平安時代より織豊時代まで／二、小国）。

そこで、いやでも闘鶏《とうけい》について触れなければならなくなった。

闘鶏は『倭名類聚鈔』をみると「闘鶏　玉燭宝典云、寒食之節、城市多為二闘鶏之戯一闘鶏此間云止利阿波世」とあり、「鶏合《とりあわ》せ」とも呼ばれたことがわかる。文献のうえでは、『日本書紀』雄略天皇七年八月の条に「官者吉備弓削部虚空、取急帰レ家。吉備下道臣前津屋、留二使虚空一。経レ月不レ肯レ聴二上京都一。天皇遣二身毛君大夫一召焉。虚空被レ召来言、前津屋、以二小女一為二天皇人一、以二大女一為二己人一、競令二相闘一。見二幼女勝一、即抜レ刀而殺。復以二小雄鶏一、呼為二天皇鶏一、抜レ毛剪レ翼、以二大雄鶏一、呼為二己鶏一、著二鈴、金距一、競令レ闘之。見二禿鶏勝一、亦抜レ刀而殺。

闘鶏
「年中行事絵巻」より
近世の写本（原本は平安時代末期）

天皇聞二是語一、遣二物部兵士卅人一、誅二殺前津屋幷族七十人一。」とあるのが、闘鶏に関する記事の初出である。そこで、酒井欣『日本遊戯史』などは、「雄略天皇の七年（西紀四百六十二年）には既に上掲の如く日本に闘鶏の記録が存在してゐるのであるから、唐の明王を以てこれが始源なりと断ずるは妥当でないと思ふ。勿論当時にあつては、後世の鶏合にみる如く、方人を分け記録、見証、籌刺、奏楽、歌詠等をともなふ盛大なる存在でなかつたのは全文に拠るも明瞭であるが、闘鶏はこの一事によるも、古来より日本に存在せるものであつて、決して唐朝よりの移入になり模倣になるものではないと断じうるのである。」（第二編中古史、第二章物合）と主張するのだが、残忍凄惨なニワトリの殺し合いまでも日本古来のものでなくては承知できなかったのは、皇国史観万能の時代背景に動かされたためだろう。酒井欣のような素晴らしい学者にして、なおかつ然《しか》りであった。しかし、「金距」（金属製の蹴《け》爪《づめ》のことである）の出典は、例の『芸文類聚』を検してみるのに、「魏応瑒闘鶏詩曰。親戚懐不楽。無以釈労勤。兄弟遊戯場。命駕迎衆賓。二部分曹伍。群鶏煥以陳。雙距解長緤。飛踊超敵倫。芥羽張金距。連戦何繽紛。……」とあって、明らかに、書紀撰修者がこの文章を藉りて事件を文飾したものであることを知る。それは兎も角として、平安時代、公卿顕紳が禁中において開催されるこの「闘鶏」の行事に興じたことだけは事実である。もっとも、公卿のなかには、この小動物の血みどろの戦いを見るのを喜ばないインテリもいた。『禁秘御抄』に「候二御壺一体事無二先例一、堀川院御時、如二鳥闘一被二召運一、猶不二甘心一事也。」と見える。しかし、『三代実録』『日本紀略』『栄華物語』『中右記』などに徴すると、宮廷社会では殊の外の熱狂ぶりを示したようである。

さて、文学作品には、ニワトリはどのように扱われたか。まず『万葉集』を見てみよう。

旭時《あかとき》と鶏《かけ》は鳴くなりよしゑやし独り寝《ぬ》る夜は明けば明けぬとも（巻十一、二八〇〇）

里中に鳴くなる鶏《かけ》の呼び立てていたくは鳴かぬ隠妻《こもりづま》はも（同、二八〇三）

物思ふと寝《い》ねず起きたる朝明には侘《わ》びて鳴くなり庭つ鳥さへ（巻第十二、三〇九四）

どういうわけか、万葉時代のニワトリは、男女の恋の悩みの象徴としてばかり詠まれている。そして、この悩みが嵩《こう》じてくると、つぎのような歌物語の中のヒステリー女を生みだすようになる。『伊勢物語』第十四段である。

むかし、をとこ、みちの国にすゞろに行《ゆ》きいたりにけり。そこなる女、京の人はめづらかにや覚《おぼ》えけん、せちに思へる心なんありける。さて、かの女、

中《なか》〳〵に恋に死なずは桑子《くはこ》にぞなるべかりける玉《たま》の緒《を》ばかり

歌さへぞひなびたりける。さすがにあはれとや思ひけん、いきて寝にけり。夜深く出でにければ、女、

夜も明けばきつにはめなでくたかけのまだきに鳴きてせなをやりつる

といへるに、をとこ、京へなんまかるとて、

栗原のあれはの松の人ならば都のつとにいざといはましを

といへりければ、よろこぼひて、「思ひけらし」とぞいひ居りける。

二首目の「くたかけのまだきに鳴きて」の和歌の意味は、岩波古典文学大系本によると、「夜が明けたら水槽にぶちこんでやろう、鶏めがまだ夜明にもならないのに鳴いてあの人を帰してしまったことよ」ということになるから、ニワトリ君もうかうかできない。しかし、いかにも田舎臭い女の感じが出ていて、ニワトリにふさわしく、この段の読後印象は好もしい。

江戸時代に入って、世の中が太平になると、唐丸・チャボ・烏骨鶏・シャモなどの新鶏種が続々と渡来してくる。

これらと古い時代より伝わる地鶏や小国とが互に交配されて、つぎつぎに珍しい品種がつくられた。このころには、庶民階級の間に愛玩鶏飼育のブームが起こり、一方で闘鶏がおこなわれたりして、日本鶏は最盛期を迎える。そのような社会背景を基盤にして、伊藤若冲の「群鶏図」や、円山応挙の「矮鶏育雛」などの傑作が生まれた。

伊藤若冲のように、みずからがニワトリを多く飼養し、朝な夕なにその行動や習性を観察し、またその羽毛の色彩に注意を怠らなかった作家の場合は、まったく別であるが、因襲的な絵画理念に囚われていた大多数の凡庸な絵かきにあっては、ニワトリといえば、はじめから画題が固定してしまっていた。「忠孝聯芳」(石に蜀葵に、鶏を配した謎語画題)、「朝天高唱」(東天光と鳴く処を画く)、「闔家全慶」(雌雄のつがいに多くの雛を配し一家団欒の象徴とする、慶は鶏と音が相通ずる)、「明王闘鶏」(唐の玄宗皇帝、鶏を闘わせ、その負けたるを射る図)、「朝天鶏鳴」(秋葵に鶏を配したもの)、「鶏群一鶴」(鶏頭花に一羽の丹頂を配す)、「祝鶏養鶏図」(祝鶏翁が鶏を飼う人物図)のたぐいである。

ニワトリが、古くから「カケ」と呼ばれたことは前述のとおりだが、その語源については、新井白石の『東雅』が「又唯よのつね人家の庭に棲む鳥なれば、かく云ひしも知るべからず。万葉集に、鶏の字読てカケと云ひしは東国の方言といふなり。仙覚抄には、カケとは啼声に因りていへりと見えたり。古歌にカケロと鳴くなどよみしこれなるべし。古の俗その啼声によりて、名づけ呼びし鳥もありとは見えたり。家鶏の字読てカケといふなどいへど、凡そ事には依りぬれど、古の方俗の言に、夫等の字義に因りし事あるべしとも思はれず。」と説明している。この説明が、もっとも科学的である。中国で用いられた介羽(『事物紺珠』)、割鶏(『楊子方言』)、会稽公(『典籍便覧』)などの呼び名も、すべて鳴き声によって名づけられたと思われる。カッケッコ、ケッコー、コケッコーという鳴き声が表音化され、やがて表意化されるようになったに違いない。ニワトリのほうは、「カケ」の枕詞として使われていたのが、のちに単独で用いられるようになったのであろう。

鯛　*(Chrysophrys auratus)*

タイ科 Sparidae は、始新世《ししんせい》から海にすむ。上下両顎の側方の歯が臼歯状で、眼下骨の床部《しょうぶ》がよく発達し、頬と頭頂とに鱗《うろこ》がある。マダイ、チダイ、クロダイなどがこの仲間である。広義でのタイ科には、タルミ科、イトヨリダイ科、フエフキダイ科、メイチダイ科をも含むが、これはタイ科に似た点が多く、脊椎骨数が二十四個、尾鰭が彎入し、よく発達した歯をもち、背鰭は一基でその棘条《きょくじょう》が強く、棘条部基底は概して軟条部基底より長い、などなどの徴標を有する。タイ科のうちでも、マダイは、魚中の王者といわれ、形姿が美しく、色彩が上品で、味もすばらしい。それで、日本では、祝儀《しゅうぎ》にはなくてはならないものとされる。（大きさや、色や、味においては劣るクロダイも、学術上では特に注目されていることを付記しよう。というのは、わが国のクロダイには、若い時は雄で大きくなると雌になる、別言すれば、雌雄同体と雌雄異体との両時期をもつものが少なくないからである。）

以下、主としてマダイに絞って記述してみる。——

マダイが、産卵のために、外海から瀬戸内海に入り込んでくる最盛期は、毎年四月二十日前後だといわれている。この時期のマダイを、古くから「桜鯛《さくらだい》」と呼んできたが、これは、性ホルモンの関係で、体色が常時より濃い赤色を帯びる（すなわち「婚姻色」を表わすようになる）ことから名づけられたものである。また、広島県豊田郡幸崎町能地の地先では、「浮鯛《うきだい》」という珍しい現象が見られるが、これは、春季産卵のため外海から瀬戸内海にはいってくるさい、この能地の地先が浅く急流となっているので、深所から急に浅所に流され、うきぶくろのガス調節の間に合わないタイが浮き上がるのである。総じて、タイが日本料理で珍重されるのは、もちろん、めでたいの語呂の喜ばれる理由によるが、それにしても、〈婚姻色〉を呈したタイを当季の花であるサクラに譬えて「桜鯛」（また

「桜魚」「花見鯛」ともいう）と名づけた呼称など、なんとも気がきいているではないか。もちろん、近世好みの命名だが、いかにも日本人の豊かな自然観照の才賦を発現した傑作だと思う。『本朝食鑑』は「歌書に謂、春三月、桜桃の花開きて漁人多くこれを採る。故に桜鯛と謂ふなり」と説明し、また、『滑稽雑談』は「このもの、鯛とばかり押し用ひては季にならず。春陽を得て紅鰭赤鬐色を増す。これ桜鯛と称す。また、さくら魚などいへり」と説明し、当時は未だ性ホルモンの知識などあるはずもないのだが、「桜鯛」という造語自体が比《たぐ》いなく美しいのである。

からし酢にふるは涙か桜だい（『懐子』）　宗因
絶えて魚荷とふや渚の桜鯛（『河内国名所記』）　西鶴
大鯛小鯛桜寄せくる網引かな（『近来風体抄』）　惟中
腸を牡丹と申せさくら鯛（『井華集』）　几董

さて、タイは、わが国沿岸に饒産するところから、すでに原始時代から捕獲されていたと思われる。げんに縄文遺跡からはマダイ・ヘダイ・チダイの魚骨が発見されている。『古事記』火遠理命の段に、「是を以ちて海神、悉に海の大小魚《とほしろくちひさきうを》どもを召《よ》び集めて、問ひて曰ひしく、『若し此の鉤を取れる魚有りや』といひき。故《かれ》、諸の魚ども白《をま》ししく、『頃者《このごろ》、赤海鯽魚《たい》、喉《のみど》に鯁《のぎ》ありて、物得食《えく》はずと愁ひ言へり。故、必ず是れ取りつらむ』とまをしき。是に赤海鯽魚《たい》の喉を探れば、鉤ありき。」と見える。『日本書紀』神代下第十段に「海神乃集二大小之魚一逼問之。僉《ミナ》曰、不レ識。唯赤女《アカメ》赤女、鯛魚名也。比《このごろ》有二口疾一而不レ来。固召之探二其口一者、果得二失鉤一。」とあり、一書第一に「赤女久有《シク》二口疾一。或云、赤鯛。疑《ケダシ》是之呑乎。」とある。記紀時代にはタイは相当に釣られたものであったろう。『万葉集』に、

水の江の浦島の子を詠める一首

春の日の　霞める時に　住吉の　岸にいで居て　釣船の　とをらふ見れば　古の　事ぞ念ほゆる　水の江の
浦島の児が　堅魚《かつお》釣り　鯛釣り矜《ほこ》り　七日《なぬか》まで　家にも来《こ》ずて・・・・（巻第九、一七四〇）

酢、醤、蒜、鯛、水葱を詠める詩

醤酢《ひしほす》に蒜搗《ひるつ》き合へて鯛願ふ吾にな見えそ水葱《なぎ》の羹《あつもの》（巻第十六、三八二九）

と見える。前者のタイ釣りとは、一本釣りであったか延縄であったか。たぶん、一本釣りだったのであろう。後者は、タイの料理法がかなり複雑化し、手の込んだものとなったことを物語っている。交通運輸の不便だったこの当時、生《なま》のまま食べるのは困難だったであろう。『延喜式』を細検するに、鮮鯛を献納したのは和泉国一カ国だけで、他はすべて楚割《すはやり》（三河・志摩・紀伊・若狭・讃岐）、腊《きたい》（筑前・肥後・丹後）、干鯛と脯《ほし》（三河）、甘塩と塩作（讃岐）、春酢（伊勢）、醤（筑後）などの加工品であった。『延喜式』以後の加工法は明らかでないけれども、おそらく背開塩乾、丸干、塩蔵の方法が多く用いられたものと思われる。

タイ漁業も、長足の発達を遂げたのは近世以降のことに属する。寛永十五年（一六三八）に松江重頼が撰した俳諧歳時記『毛吹草《けふきぐさ》』巻第四名物を通覧して、国ごとに鯛の名称を拾ってゆくと、「駿河　澳津鯛《をきつたい》　同白砂干《しらすぼし》」「武蔵　鯛《たい》」「上総　鯛《たい》」「若狭　鼻折小鯛《はなをれこたい》」「備後　田嶋鯛三月大網ニテ多取也」「安芸　野路浮鯛《のぢのうきたい》」「紀伊　鯛《たい》」「讃岐　角嶋鯛」「肥前　野茂小鯛《のものこだい》」「肥後　長洲腹赤鯛《ながすのはらかだい》ヤキ鯛ニシテ京江戸ニ遣ス」などが当時の名産だったことを知る。元禄年間の『本朝食鑑』には「就中摂州西宮社前海上采者曰二前魚一。是神前之魚故也」「其余駿豆相総越佐讃予芸播紀州最多」とある。寛政年間の『山海名産図会』には「畿内以佳品とす物明石鯛淡路鯛なり。されども讃州榎股に捕る事夥し」とあり、また同書には「若狭小鯛　是延縄を以て釣るなり、又セ縄とも云。縄の太さ一握許、長さ一里許、是に一尺許の苧糸に針を附、

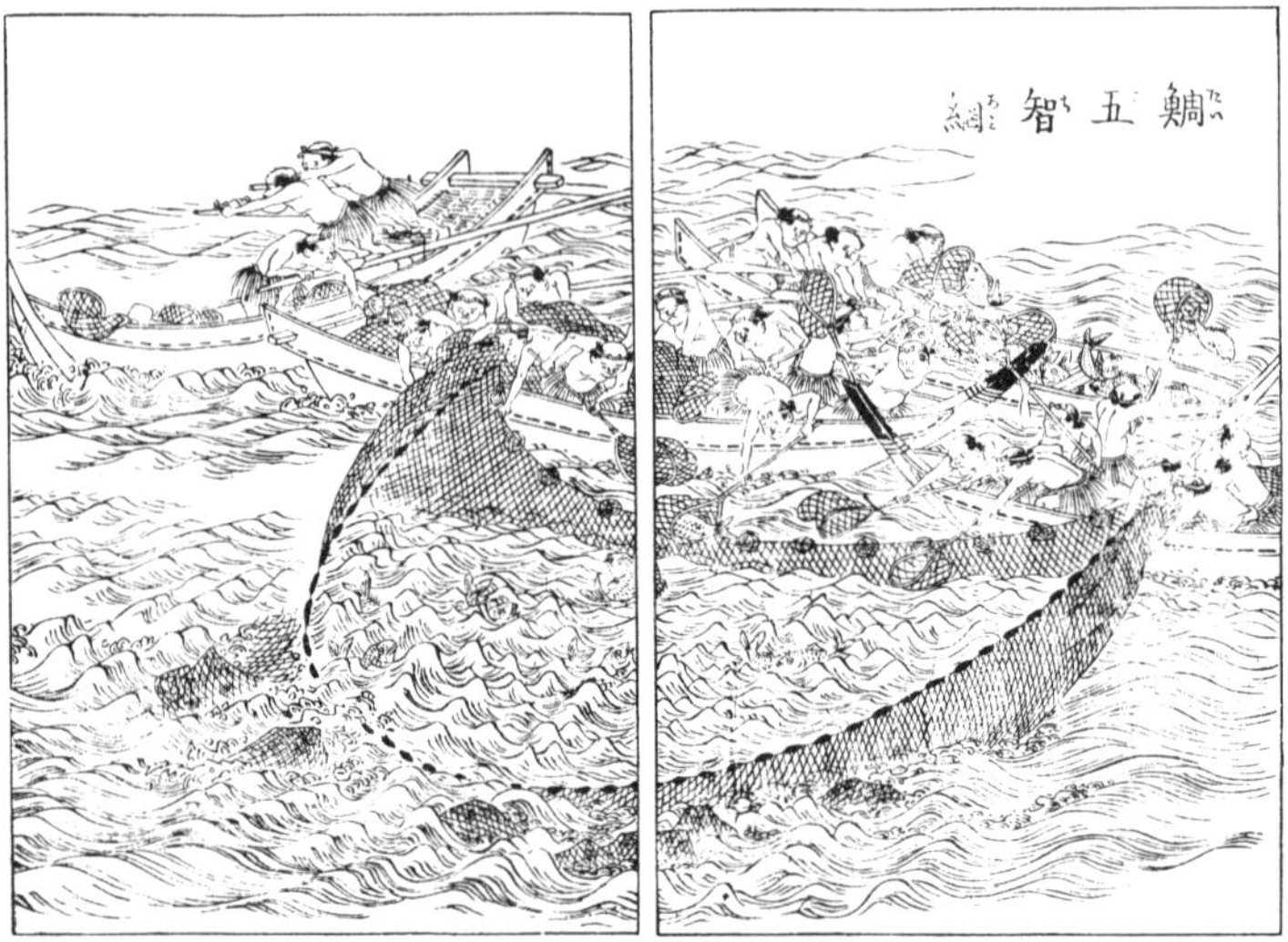

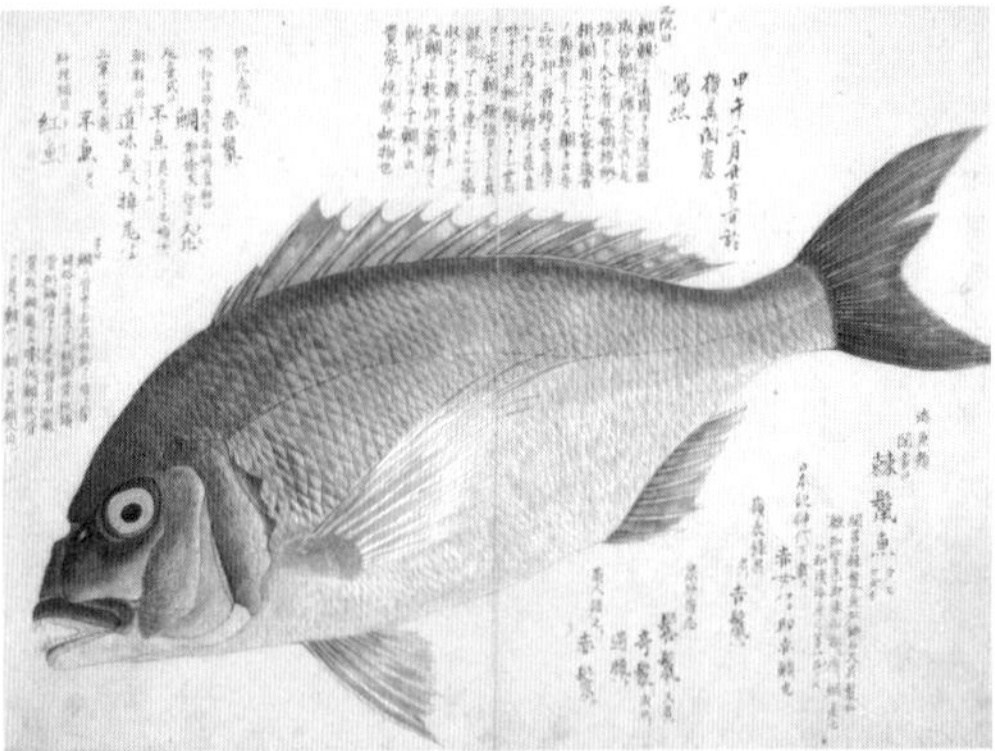

上図：鯛の五智網　『日本山海名産図会』（寛政11年刊）より
下図：マダイ　毛利梅園『梅園魚品図正』（天保3～7年）より
国立国会図書館蔵

一尋一尋を隔てて縄に列ね附て両端に樽の泛子を括り、差頃ありて、かの泛子を目当に引あぐるに百本百尾を得て一も空しき物なし、飼は鯵鯖鰕等なり」と見えて、苧《からむし》または麻の縄による延縄漁業の進化のさまがうかがえる。

このようにタイ漁業が発達すると、江戸では、鮮タイ・乾タイ・塩タイ・焼タイが歓迎されたほかに、やがて〈活《いけ》タイ〉の技術まで考えだされるに至った。この技術は、すでに寛永年間（一六二四〜四四）に駿河江ノ浦方面より活タイを幕府に納入した記録があるので、それ以前から創案されていたことは明らかである。幕府は祝日用・祝宴用・料理用として多量のタイを必要とし、活タイ技術が導入されてから以後にあっては、もっぱら活タイが納入された。文政七年（一八二四）刊の亀田鵬斎撰『七島日記』を見ると、「そこ伊豆洲崎は鯛をいけすにして江戸へ送るをすぎはひとする所なり。鯛を網より取あげたる時早く鯛のはらへ竹の針をさして針により水をだしていけすへ入ればいつまでもよくいきるといふ。この針をさすもの壱人ふたりならではなく、手なれぬもの針をさせば鯛しぬるといふ」と誌されている。この針を用いる活タイの技術について、山口和雄は「タイは深海に棲む魚であるから水圧に堪ゆる組織を体内に有して居る。従って、漁獲し生簀に入れ置くには、水圧の減少に対応させるため、体内の脊髄骨に添って存在する気胞を破り、中の気体を出さなければ忽ち体膨脹して腹を水面に向け死に至る。そこで、収養する際、俗に『針する』と称する『針治術』を施す。」（『日本漁業史』、タイ漁業）と解説している。このようにして、針治術をほどこされた活タイは、豆州須崎から江戸表に運搬されるさいに、小浦・岩地・仁科・田子・安良里・土肥・戸田・獅子浜・江ノ浦・道婦など十八カ浦に設けられたタイ籞《いけす》（箕船）を宿駅として利用したという。また、上方籞からも江戸表に活タイを回送していたというし、摂泉商人の中には九州筑前方面で購入したタイに活タイ技術をほどこして自国に運搬している者もあったという。もちろん、需要があったればこそ、多少の危険を冒しても活タイを運んだのである。なにしろ、形姿といい、風味といい、名前といい、タイは、日本人の趣向にぴったり適《かな》う上物《じょうもの》の魚だった。

和歌に詠み込まれた作例は不思議に少ないが、かりに二首のみ紹介しておく。

あふことを阿漕《あこぎ》の島にひく鯛のたびかさならば人も知りなむ（『古今和歌六帖』）　読人知らず

桜鯛花の名なれば青柳の糸をたれてや人の釣りけん（『夫木和歌抄』）　権僧正公朝

——以上、マダイが日本人にとって文字どおり、「魚中の王」と見做され、儀式用としても、賞味の対象としても、たいへん貴重視されてきた事実を確かめ得た。ところが、中国においては、棘鬣魚、火焼鯿、銅盆魚などと呼ばれて、下等な魚類として扱われてきたのである。また、「鯛《ちよう》」という字は、『説文』に「鯛、骨耑脆也、从レ魚周声。」とあり、『集韻』に「鯛、一曰、小魚名。」とあって、けっして高い位置にはない。それが、どうして日本のタイに変身転生したのか。おそらく、『倭名類聚鈔』の「崔禹錫食経云。鯛。都条反。和名大比。味甘冷無レ毒。貌似レ鯽而紅鰭者也。」という記事が、よりどころとなったのであろう。鰭が赤いという指標だけで、鯛とタイとを同一視してしまったものか。『日本釈名《にほんしやくみよう》』をみると「鯛《タイ》　たいら魚也。其形たいら也。故に延喜式に平魚とかけり。又俗語に、ひらと云。或曰、掉尾《タビ》、道味魚《タビ》朝鮮の名也。」とある。朝鮮語源とする説も、一概に捨てがたいように思われる。

鰹《かつお》　(*Katsuwonus Pelamis*)

カツオは、太平洋・大西洋・インド洋の暖熱両地帯で、しかも海水が清澄であり、水温の高いところに棲息する。わが国にやって来るカツオは、冬季は南海にいるが、日本海流に沿って北上し、三月ごろには四国沖に、四月ごろには紀伊半島沖に、五月ごろには東海関東沖に廻游し、それ以後はさらに北方に向かい、十月ごろふたたび南下する。

カツオは、サバ類サバ科に属する魚で、生体色がまことに美しい。胸甲と側線とのほかには鱗《うろこ》がない。全長は、成魚で九〇センチメートルから一メートルぐらい。世界じゅうの温海に広く分布し、わが国のそれは主として太平洋がわにすみ、日本海がわには少ない。大量の「鰹節《かつおぶし》」をつくる。

日本の古代人は、古くから鰹釣りには長じていたらしく、縄文遺跡からカツオやソウダガツオの魚鱗魚骨を出土しているほか、魚骨製もしくは鉄製の釣針が発見されている。今日でも行なわれている一本釣りの方法として、この鰹釣りの擬餌針には必ずその針の根本のところに牛の角か鹿角か鯨骨かをさし込んでいるが、どうして鰹がこのような食えもしない角や骨を好んで針にかかるのか、不思議といえば不思議である。もちろん、この漁法は進歩し、甚兵衛鮫《じんべえざめ》との関係などが知られるようになってからも、久しく行なわれていた。そして、たくさん漁獲されたときには、イカなどと同じく、干し魚にしたろうと想像される。先史時代から、すでに鰹節《かつおぶし》に類する保存法が知られていたと考えてよいであろう。

『古事記』雄略天皇の志幾大県主《しきのおおあがたぬし》の条に「其《か》の堅魚《かつを》を上げて作れる舎《や》は誰が家《いへ》ぞ」とある堅魚は、堅魚木で、カツヲは葛緒《かつを》もしくは堅《かつ》緒の義で、これは元来萱《かや》草を押えるための木であって、これが装飾の意味に転化されたとするのが定説だが、もしかすると魚のカツオに関わりがあるのかもしれない。『万葉集』巻第九に収められた「詠二水江浦島子一首」という長歌の最初の部分にカツオが見えるが、これは完全に魚類のカツオである。

春の日の　霞める時に　住吉《すみのえ》の　岸にいで居て　釣船の　とをらふ見れば　古《いにしへ》の　事ぞ念ほゆる　水
の江の　浦島の児が　堅魚《かつを》釣り　鯛釣り矜《ほこ》り　七日まで　家にも来ずて　海界《うなさか》を　過ぎて榜《こ》ぎ行くに

海若《わたつみ》の　神の女《むすめに》・・・・（巻第九、一七四〇）

平安時代に入って、『延喜式』（九〇五〜二七）に当時の調庸物品や交易雑品とされた諸国物産が記されてあるが、その中に、多数の保存食品に混じって脯《ほしいお》（乾魚）があり、鰹節がこの脯として扱われている。駿河・伊豆・相模・安房・紀伊・阿波・土佐・豊後・日向の諸国の調として、「堅魚」を献ぜしめている。また駿河・伊豆国からは「鰹《かつ》魚煎汁《をのいろり》」というものを献ぜしめている。保存食としてのみならず、カツオは調味料として賞美されていたことがわかる。

中世以後には一般化されたと思われるが、根が皮肉屋の兼好法師には、そのことが気に食わなかったかして、つぎのように記している。

鎌倉の海に鰹《かつを》と云ふ魚は、かの境ひにはさうなきものにて、この比《ごろ》もてなすものなり。それも、鎌倉の年寄りの申し侍りしは、「この魚、己《おの》ら若かりし世までは、はかぐ〱しき人の前へ出づる事侍らざりき。頭は下部《しもべ》も食はず。切りて捨て侍りしものなり」と申しき。かやうの物も、世の末になれば、上《かみ》さままでも入りたつわざにこそ侍れ。（第百十九段）

カツオの普及は、このように「世の末」と罵《ののし》られはしたが、戦国時代には、カツオは、勝負に勝つ魚として武士の間に歓迎されることとなった。近世に入ってからは、いよいよ圧倒的な需要を示し、ついに、江戸っ子は初夏ともなれば初鰹を口にしないでは恥と思うまでになった。

目には青葉山郭公初鰹（『江戸新道』）　素堂
鎌倉を生きて出でけむ初鰹（『葛の松原』）　芭蕉
初鰹盛りならべたる牡丹かな（『去峰集』）　嵐雪
初鰹観世太夫がはし居かな（『新花摘』）　蕪村
大江戸や犬もありつく初鰹（『文政八年句帖』）　一茶

思うに、幕府や諸藩における殖産興業政策によって漁撈技術が発展し、また流通機構や交通機関の整備にともなって、生《い》きのいいカツオが、比較的安価に庶民の手に入るようになったために、歓迎されるに至ったのであろう。兼好法師の時代には、なまのカツオなど口にしたくも無かったにちがいないし、そこで、猫よろしく鰹節をしゃぶるのが忌々《いまいま》しく感ぜられたにちがいない。カツオを生食することに関しては、『本朝食鑑』（一六九五）に「土佐紀伊の産、味厚く肉肥えたり。乾堅なるときは上品となし、生食するときは味過美にして飽きやすし。阿波伊勢これに次ぐ。駿豆相武の産、味浅く肉脆く、生食するときは上品となし、乾堅なるときは味足らずしてやや薄し。房総陸奥もこれに次ぐ。」と見え、また「肉色深紅あり、浅紅あり。深紅なるものは味必ず厚し。背上両辺の肉中に黒血肉一条あり、呼びて血合《ちあひ》と称す。味、紅肉に及ばず。およそ生食は芥醋汁に和す。あるいは冷塩酒に和し、これを俗に指身《さしみ》と称す。生鮮なるものをもって勝れたりとなす。」と見える。江戸っ子がカツオに飛びついたことに関しては、『守貞漫稿』（一八五三）に「江戸の魚売りは、四月、初松魚《はつがつを》売りを盛りなりとす。二三年以前は、初めて来る松魚一尾価金二三両に至る。小民も争いてこれを食ふ。近年かくのごとく昌えること、さらにこれなし。価一分二朱、あるいは二分ばかりなり。ゆゑに魚売りも、その勢はなはだ衰へて見ゆ。」と見える。ちなみに触れると、江戸初期の延宝年間（一六七三〜八一）のころ、いったん煮熱してから後に燻乾する新しい鰹節の製法が、土佐地

初鰹売り
『東都歳事記』（天保9年刊）より

方で発明された。これは、鰹の頭と尾とを切り捨て、腹をぬき、骨をのぞき、二枚の切肉にしたものを、さらに二つか三つに切り、それをば大釜で煮て取り出し、三十日ほど乾かし、鮫皮《さめがわ》をもって削り、縄で磨いて仕上げる製法である。これによって、鰹節は長期の保存に堪えられるようになり、儀式用としても欠かせない食品となった。やはり、生産者がわの技術的進歩が、消費者がわの味覚を発達させたと見るべきである。

ついでに、鰹と甚兵衛鮫との関連について記された末広恭雄『魚の春夏秋冬』中の一文を紹介しておく。――

船の揺れが少ないのでよく眠った――すると突然、明け方の夢を破ってチリリン、チリリンとけたたましい電鈴の音、続いてスクリューが逆回転する騒音がして船が止まった。

「何だろう?」と思っていると、ベッドから起き出た船長が、甲板に通ずる階段をあたふたと上って行った。機関長もそれに続いた。私はこのただ事でない様子に、手早く身ごしらへすると彼等を追った。

さて、甲板に出てみると、そこにはすでに船員のほとんど全部がいて、皆一ように船の向うを見ているのだ――。私も一しょになって彼等の目の注がれている方を見たが、驚いた……。そこにはわれわれの乗っている船ぐらいにも思われるような巨大な魚が、船のすぐ向うに悠々と泳いでいるのだ。私は最初クジラかと思った。が、よくみるとサメなのである。船員の一人にそのサメが有名なジンベエザメだと教えられなかったら、書物だけで識っている私には判らなかったであろう――。

さてカツオの群は、広い海中で寄りどころがなく感じられるものか、流木やサメに付き従うことがしばしばである。特にこのジンベエザメというサメは、サメといっても他のサメのように魚を食べない。おまけに性質がすこぶるおとなしく、その巨大な体軀とあいまって、海の聖者とでも言いたい存在である。で、カツオはこのサメにつき従っているときは、すっかり安心して船が近づいても逃げないし、釣餌にもよくかかる。だから漁業者はこのサメを「甚兵衛さま」という敬称で呼んでいるし、このサメに出会わせば、カツオの大漁受け合いというわけなのだそうだ――。

私がボンヤリこのサメに見入っている間に、船員たちは忙しそうに釣の準備にかかっていた。活魚槽のイワシを海水に盛った盥に移す者、撒餌《まきえ》のイワシを海に投ずる者、束ねた釣竿をほぐす者、甲板の上は戦場のような騒ぎである。船側からはシャワーによって海面に水がまかれているが、これは海面を泡立たせてカツオを船近くに誘うためなのである。

こうして獲れたカツオは、前記のごとく生《なま》もの、鰹節として賞味するほか内臓に塩を加えて塩辛《しおから》をつくる。特に、現在、カツオの膵臓からとれるインシュリンが糖尿病の特効薬として用いられる。

カツオの語源に関しては、貝原益軒の「かつをはかた魚也」「たとつと通ず、うを略す」(『日本釈名』)、伊勢貞丈の「かたうをを略してかつをといふなり。されば古は堅魚と書《かき》てかつをとよみしを後に鰹の字を作り出したり。俗字なり」(『貞丈雑記』)という説が決定的だが、そうなると、昔の人は、はじめに乾し堅めた魚を「かたうを」と呼び、それが海に廻游する魚にまで及ぼされていったものか。他に、平安中期の惟宗公方《これむねのきんかた》の著作に擬せられている『本朝月令《ほんちょうげつれい》』に引用されている「高橋氏文《たかはしのうじぶみ》」に見える「頑魚《かたくなうお》」が「堅魚」になったという起原説明の説話があり、大槻文彦の『大言海』はこの説に賛同している。また、昭和の民族学者である松岡静雄は、『日本古俗志』の中で、「マレー語では魚をイカン、ポリネシア語ではイカ、ミクロネシア語ではイク又はカと称へる。鰹は暖流に棲息する魚であるから、我上代に於てはイカ又はカといへば直に鰹と了解せられたのではあるまいか、若しさうであるとすればカツヲはイカ(又はカ)ツ魚である。」との説を提出している。

鰯　*(Sardinops sagax melanosticta)*

イワシは、今日でこそ多少値のつく魚となっているが、いや、時としてはばかっ高い値段の魚となっていて驚かされるが、戦前までは、獲れて獲れて仕方のないものだった。昭和十年ごろには、日本の総漁獲高の五二パーセントも占めていた。

この魚は大群棲して沖を染める。潮の色が赤味をもって高く盛り上がっているところには、必ず鷗が乱舞している。鰯の大群が海流に乗って廻游しているのを追撃しているのである。漁撈には、ここをねらって、巾着網《きんちゃくあみ》か何かで一網打尽に捕れば凱歌を奏すること必定《ひつじょう》である。原始時代の日本漁民がそのような漁具を所有していたかどうか不明だが、しかし、縄文土器における網目の跡や、縄蓆文の印象などから推測すると、かなりりっぱな網が作られていたとも考えられる。少なくとも、砂浜地帯では、地引き網のような漁撈法が古くから広く行なわれていたことが明らかなので、古代漁撈民にとっては、イワシは極めて親しいものであったといえる。そして、一時にたくさん獲れて運搬するのに困ったようなときには、干し鰯にしたろうことが想像される。

延長五年（九二七）に完成した『延喜式』を見ると、巻五神祇王（斎宮）の条に「鰯魚汁　一斗五升」という記事がある。巻二十三民部の条に、諸国の交易雑物として若狭および丹波から「小鰯腊」が来るとある。そうしてみると、この時代には北陸・山陰地方でも鰯が漁獲されていたのだろう。「腊」というのは、『倭名類聚鈔』に「唐韻云。腒腊。岐太比。乾肉也。方言云。腊曰レ膴音無又武」とあり、また『令義解』に「謂二全干物一」とあるので、「小鰯腊」はイワシの丸干しだったと思われる。さらに、巻二十四主計の条には「乾鰯」と見え、同じ条に備中・安芸・周防の国より「大鰯」と「比志古鰯」とが調《みつぎ》とされているとも見える。比志古鰯はカタクチイワシのことで、体小さく、田作《ごまめ》にしたり畳鰯《たたみいわし》にしたりされたものを言う。これでわかることは、王朝時代に、すでにイワシの生干《なまぼし》ないし乾物《ひもの》が食用とされたという事実である。上古より平安中期までの説話を集めた『古事談』（一二一五）の中には「或人云。鰯雖レ為二良薬一。不レ供二公家一。鯖雖二賤物一。備二供御一」とあって、イワシが、当時の医学上の見地から栄養あるものとされたことがわかるが、ただし、概して貴族紳士からは軽蔑されていたことも確からしい。

中世に入ってからの説話集である『古今著聞集』（一二五四）には、妙音院入道師長が孝道朝臣に麦飯といっしょに鰯を食わせ、三千三百三十三度の礼拝をさせるという嫌《いや》がらせをした記事が見え、鰯に関して「御遠行の時しろしめしたりけるとかや、さなくては誠にいかでかさる物ありともしろしめすべき」と記されてある。師長にとってはうとましき鰯であっても、孝道のほうは、鰯のおかげで食がすすみ、また元気も出て、やすやすと三千三百三十三度の礼拝をやってのけたとある。王朝貴族の嗜好に合わなかった鰯も、やがては、新時代を担う質朴な武家の重要なカロリー源となっていった。足利義政（一四三六～九〇）のいわゆる東山時代に殿中における呼称を記した『大上臈御名之事』を見ると、イワシについて「むらさき／おほそ／きぬかづき」などと記されている。とうとう、わが鰯も、東山時代には殿中にまで登り、女房たちから「むらさき」とか「おほそ」とかいう優雅な名前で呼ばれるに至った。戦国時代には、各国の大名が兵食として用いたらしい形跡もある。豊臣秀吉の朝鮮遠征のとき、第一回の講和にさいして、秀吉は、在鮮の諸将をして沿海の地に築城を命じ、籠城用の兵食を輸送したが、その兵食の中に鰯を入れている。『小早川文書』に、「百五俵いわし」と記され、「右武具並ゑんそ、さうし、ほしいひ、いわし、すみ以下は、自然の時のために被籠置候間、成二其意一聊爾に不レ可レ召レ遣候也。」と注意書きされてある。非常用食糧として、干鰯は恰好《かっこう》のものであったにちがいない。

近世になってからの随筆『塩尻』（元禄以後四十年の記録で、天野信景著。天明二年になって、堀田方旧が集大成した）に「凡そ三州譜代の御家人多くは元朝麦飯いなだ鱠にらみ鰯塩いわし三つ其儘にて置なんとすはるを佳例とするも花風の風ある事なく古民家素朴の云為也。」と見えるし、時代はさらに下《くだ》るが、『三省録後篇』に「天野遺語」転載として「権現様御近習へ身持は赤鰯を食ふよふにせよと、毎度御をしへなされ候よし。」と記されてある。秀吉のみならず、家康も、相当のイワシ贔屓《びいき》であったことがわかる。

こうして、江戸時代には、イワシは庶民の食卓を賑わすことになった。『本朝食鑑』には「四方江海在るところ盛んにあり。無き所は全く無し。形鯵《あじ》に似て小円、細鱗ありて落ち易し。背蒼黒にして腹黄白、膏脂多く光輝あり。大なるものは六七寸。小なるものは一二寸、性相連なりて群行す。澳《おき》より磯に至りて、至るとき波赤くして血のごとし。これを鰯の鼻赤くして光あるゆゑなりといふ。漁人あらかじめ識りて網を下してこれを採る。あるいは曰《いはく》、鯨来るときは大鰯多く来る、鰹至るときは小鰯多く至ると。これ鯨鰹喜んで食ふゆゑに大洋より鰯を逐ひて来たり至るか。鰯の鮮かなるもの、膾となし炙りものとなす。醃にせるものは炙り食ふ。またともに好酢を用ひて醬に和して煮て食ふもまた佳なり。その味頭に在り。諺にいはく、鰯の頭鵬の味ありといふ、これなり。」と見える。もって、普及度が知られるであろう。

俳諧では、「鰯」「鰯網」「鰯引く」ともに、秋の季語として用いられる。『滑稽雑談』(一七一三)に、「八月　小鰯引く／按ずるに、このもの他季に及ぶといへども、別して八九月盛りに出でて、これを取る。鰯網・鰯引くなど、古来より秋に許用す。このもの、所々往々に多し。その至る時、鰯雲とて、像天の気生ずとなり。」と説明せられている。ついでに、「鰯雲」という季題について記すと、『改正月令博物筌』(一八〇八)に「秋、西の雲、暮に赤きをいふ。この時、鰯多し。」と説明され、さらに『増補俳諧歳時記栞草』(一八五一)には「秋天、鰯まづ寄らんとする時、一片の白雲あり。その雲、段々として、波のごとし。これを鰯雲といふ。」と説明されてある。この鰯雲は、気象学で謂う巻積雲のことで、小石を並べたような小さい雲片の集まりがさざ波の形などを呈し、全天に広がっている場合もあり、小さな広がりにとどまっている場合もあり、くっつき合っているときもあり、はなればなれになっているときもある。細かい氷晶（氷の粒）から出来ていて、五〇〇〇メートル以上の高い空にあらわれる。雲の白い小さな塊りが、時として魚の鱗のように見えるので「鱗雲」とも呼ばれ、また、サバの背にある斑紋のように見えるので「鯖雲」とも呼ばれる。前記の近世俳諧歳時記が説くごとく、イワシの捕獲の前兆として、この巻積雲が特に鰯雲と呼ばれたという説明も一理あるが、本当は、雲の配列の様子がイワシの群れに似て見えるところから名づけられたのではあるまいか。

海中や鰯貫ひに犬も来る（『文政八年句帖』）　一茶
引き上げて平砂を照らす鰯かな（『類題発句集』）　白扇
鰯雲鯛も鮑も籠りけり（『鷹獅子集』）　北枝
鰯雲立塞ぎけんふねの道（『葎亭句集』）　嘯山

ふつう、われわれが「イワシ」または「ユワシ」と呼んでいる魚は、マイワシ（真鰯）をさしている。大きさによって、オオバイワシ（全長二〇センチメートル以上）、チュウバイワシ（全長十三センチメートル内外）など区別することがある。マイワシは北海道から琉球あたりまで分布していて、春には大群をなして北に進み、じゅうぶん成長したものが秋になって南下する。そして、九州沖で一～三月に、相模湾から鹿島灘にかけて三～五月に産卵する。しかし、その卵は九九・九パーセントまで他の魚に食べられたり死んだりするという。生き残ったイワシはよほど悪運の強いやつか、頑丈そのもののやつかということになるが、それも、最近は濫獲《らんかく》や海水汚染で数を激減させた。かつて、日本では日用食品にしたほか、油や肥料の原料にしたが、こんにちではとてもそんなことはできないくらい、イワシの数が減ってしまった。

鰤　*(Seriola auinqueradiata)*

ブリは、始新世《ししんせい》に出現したアジ科Carangidaeの魚で、全長一メートルぐらい、温帯性で、北海道から南の日本各地、朝鮮半島東海岸に分布する。「寒鰤《かんぶり》」といって、寒中《かんちゅう》に獲れるものが最も美味であるし、またこの時期に最もたくさん獲れる。しかし、夏には黒潮（暖流）にのって沖のほうを北上し、北海道あたりまで行って寒くなると、こんどは陸地の近くを南下する。その途中でイワシ、サバ、イカなどを食べる。

わが国の西部では、正月肴《しょうがつさかな》として塩鰤《しおぶり》が用いられる。これは、わが国の東部で塩鮭が使われるのとちょうど対照的な慣習である。ブリは、大魚ながら、冬期（十二月の初めから四月ぐらいまで）には接岸してくるので、陸地の岩上から一本釣りでも獲れたくらいである。他に、沖合いに漬場《つけば》を設けて、餌づけによる鰤釣りも行なわれたし、鰤船《ぶりふね》を走らせて行なう曳縄《ひきなわ》釣《つ》りや刺網《さしあみ》の漁法も盛んであった。近代になってからは、大型の定置網漁業がおこなわれ、ことにその大謀網《だいぼうあみ》（大敷網《おおしきあみ》）は戦前の沿岸漁業の花形であった。

ブリは、成長に従って名前が変わるので、ボラ・スズキなどとともに《出世魚》とされ、めでたいものとして貴《たっと》ばれる。

むかしは、丹後（京都府・兵庫県）や越中（富山県）のブリが最も珍重された。『本朝食鑑』には「今、丹後の産をもって上品となす。越中の産、これに次ぐ。その余は、二州の産に及ばず。ただ肥・筑の海浜に采るもの、また二州のものに減らず。およそ冬より春に至るまで、これを賞す。夏時たままたこれあるといへども、用ふるに足らず。かつて聞く、鰤連行して東北の洋より西南の海をめぐりて、丹後の海上に至るころ、魚肥え脂多くして味はなはだ甘美なり。ゆゑに丹の産をもって上品となす。丹の太守刺史争ひてこれを献貢す。」とある。もともと、ブリは温帯性で、やや冷水を好み、海面の水温が摂氏一四度から一九度に低下すると、南日本と中日本に襲来するが、この廻游は産卵・索餌・適温海水などによるものとされており、なかんずく水温によるものと考えられるから、北陸・山陰が豊漁でもあり味も良いとされるのは無根拠とも言えないようである。

さて、鰤が一生の間に何回も名称を更新することになったのは、いつごろのことであろうか。正確なことはわからないが、江戸時代中期の時代趣味に関わりがあったろうと思量される。正徳三年（一七一三）刊の寺島良安『和漢三才図会』には、すでにその記載がうかがわれる。「六月、その小なるもの五六寸、津波須《つばす》と名づく。西国に和加奈《わかな》と号す。あぶりて蓼醋をもつてこれを食らふ。九月、一尺ばかりなるものを眼白と名づく。十月、二尺に近きもの鰒《はまち》と名づく。江東には伊奈多《いなだ》と称す。さしみとなし、芥醋に和して食らふ、最も美なり」と見える。そして、「仲冬、長じて三四尺、最大なるもの、鰤と名づく」とある。《出世魚》として扱いわれに関しては、「この魚、少より老するに至りて、時に名を改む。初めは江海にあり。徐々に大洋に出で、また東北海より連行して西海対州に終る。もつて出世昇進のものとなし、これを大魚と称す。貴賤相饋《あひおく》りて、歳末の嘉祝となす」と記されてある。

かくして、近世にあっては、武家も一般庶民も大いにブリを珍重した。特に贈答用として歓迎されたのは、きびしい身分制を縫って、出世昇進の機会が多少恵まれる時代になった推移を証《あか》している。

ひまの駒鞭うつ鰤の行衛かな（『仮題露沾集』）　言水
寝て起きて鰤売る声を淋しさの果（『おくれ雙六』）　才麿
ほどくとも見えねど鰤の俵縄（おくれ馳』）　惟然

ついでながら、昭和になって、ブリが各地方で（その魚市場で）どのように呼ばれているか見ておこう。田中茂穂『魚』は、魚の方言の多岐性に触れて、つぎのような一覧表を作成してみせている。

東京魚市場　ワカシ―イナダ―ワラサ―ブリ
大阪　ツバス―ハマチ―メジロ―ブリ
富山県　ツバエソ―コズクラ―フクラギ―ニマイズル―アオブリ又はサンカ―コブリ―オオブリ
石川県　ツバイソ―フクラゲ―ガンド―イナダ―ニマイズリ―ブリ
福井市　イナダ―フクラギ―ナル―ブリ
新潟市　イナダ―ニサイゴ―コブリ―ブリ―ニュウドオ
山形県　フクラゲ―イナダ―ブリコ
秋田県　ツバ―イナダ―アオ―ブリ
青森県　フクラギ又はイナダ―アオ―ブリ
岩手県　ショッコ―二歳《ニサイ》ブリ―ブリ又はアオ
宮城県　ワカナ―イナダ又は二歳《ニサイ》アオ―アオ又はコブリ―ブリ
福島県原釜　イナダ―サンザイ―アオ―ブリ
茨城県久慈　ワカナ―イナダ―サンパク―ブリ―丹後ブリ
千葉県　ワカナゴ又はワカシ―イナダ―サンパク―ワラサ―ブリ
神奈川県国府津　ショオゴ―ブリ
静岡県　ワカナゴ―イナダ―ワラサ―ブリ
愛知県三谷《ミヤ》　ワカナゴ―アブコ―イナダ―ワラサ―ブリ

三重県　セジロ―ツバス―ワカナ―カテイオ―イナダ―ワラサ―ブリ
和歌山県串本　ツバス―ハマチ―イナダ―メジロ―ブリ―オオイオ
京都丹後国久美浜　マンリキ又はイナダ―マルゴ―ハマチ―ブリ
兵庫県但馬国浜坂　ヒデリコ―ハマチ―マルゴ―ブリ
鳥取県　ハマチゴ又はワカナ―ハマチ―マルゴ―スベリ―ブリ
島根県　ショオジゴ―ハマチ―メジロ―ブリ
山口県萩　ショオジンゴ―ワカナ―メジロ―ブリ
徳島県　ツバス又はワカナ―ハマチ―メジロ又はモンダイ―ブリ
香川県　シロヤズ又はワカナ―ハマチ又はツバス―ヒッサゲシラス又はハマチ―コブリ又はハマチ―ブリ
愛媛県　ヤズ又はシントク―ハマチ―ブリ
高知県　モジャコ―ハマチ―ブリ―オオイオ
岡山県　ヤズゴ―ヤズ―ハマチ―ブリ
広島県　ツバス―ハマチ―メジロ―三年《サンネン》ゴ―ブリ
福岡市　ワカナゴ又はヤズゴ―ヤズ―コブリ―ブリ
大分県佐賀関　シオゴ―ハマチ又はヤズ―シュントク―ブリ
佐賀県　イナダ―ヤズ―ブリ
長崎県　ネリゴ又はネリ―ヤアズ―ヤガラ―ブリ―オオイオ
熊本県　ネリゴ―ヤズ―ブリ
鹿児島市　テンコ―ブリ又はハラジロ

宮崎県　ハマチ—ハラジロ—ブリ

このように、ブリの方言は数多くあるが、しかも地方毎に老幼の名称をきちんと区別しているあたり、日本の民衆にとって、ブリは、あくまでもめでたい《出世魚》でなければ承知できなかったのだろう。出世は、民衆の願望であった。

叙述が前後するが、これだけ本邦近海に饒産するブリも、その漁業が発達したのはほんの近世以降のことにすぎなかった。記紀にはもちろん記載はなく、『延喜式』の水産貢献品の中にもその名前はない。わずかに『倭名類聚鈔』に「鮁魚《ハマチ》」と見えるが、ハマチ程度の稚魚だけが古くから漁獲されたのであろうか。室町時代の『下学集』にはハマチのほかブリの名前も記されているので、この時代からブリ漁業が始まったと推知される。山口和雄『日本漁業史』は明かす。「江戸時代を通じ有名なブリ漁業地だった丹後伊根浦の建刺網漁業も、足利十代及び十一代の義稙《よしたね》・義澄時代の明応年間より開始されたと言われる。〈中略〉『御湯殿の上の日記』にも、文明年間頃より所々にブリの名前が出て来るが、これは振海鼠《フリコ》か鰤《ブリ》か明らかでないものが多い。『大館常興日記』天文九年四月十九日の条にも、『大魚はまちぶゑん一折諏神左みやげ也』とある。要するに、ブリ漁業はわが国では足利時代頃から稍〻盛んとなったので、それ以前は殆んど問題にならなかった。その大きな理由は、ブリの性頗る敏で、往古の低度な漁撈技術を以てしては漁獲できなかった点にあるようである。この魚は、上層を游泳中物に驚けば忽ち下層に沈降し、巧みに網を潜るので、これが捕獲は中々困難だったのである。また、ブリは昔から微毒ありとされ、鮮食は必ずしもよくなく、官家よりも民家用のものとされていた（『本朝食鑑』『大和本草』）、これもこの漁業の発達をおくらした一因であったかも知れぬ。」と。手に取るように、ブリ漁業の発達過程がわかる。

日本人の自然観を考察する場合、たとえば、このブリのように、漁撈が容易になって以後はじめて歳時記にも料理書にも組み入れられるようになったもののあることを、わたくしたちは忘れてはならない。塩ブリや縄巻ブリはまことに美味であり、その特殊な製法に興味をつながれもするが、それらも、豊かなブリの漁獲が前提されればこそ翫味し得ることなのである。生産と自然観とをべつべつに切り離して考えてはならない。こんなわかりきったことを述べねばならぬのは、いわゆる〝伝統美〟を強調する論者たちが、動物に関しても、植物に関しても、あたかも日本人が先天的に秀れた感受性や想像力を駆使して一定の〝美学〟を創造したかのごとく説いている実例に、あまりにも頻繁に遭遇するので、一言せざるを得なかったのである。ブリの美味を発見し、ブリの季節的風趣をつくりあげたのは、近世の漁業生産力の成長のおかげである。別の言葉でいえば、漁師たちの勇敢な海上労働のたまものである。ブリという現物《げんぶつ》なくして、ブリの風物詩が諷詠されるはずもないではないか。

ブリの語源について、貝原益軒七十歳の著述『日本釈名《にほんしゃくみょう》』（一六九九）は「魚師《ブリ》　あぶらおほき魚なり。あぶらの上を略す。らとりと通ず。」と説明している。いささか語呂合わせに堕《お》ちているような感じもする。もっとも、益軒八十歳の刊行著作『大和本草《やまとほんぞう》』（一七〇九）においては、「鰤《ぶり》（和品）鰤の字は、昔より国俗にぶりとよむ。然ども出処未レ詳。本草に、魚師といへるは別物なるか。其形状をのせず。唐韻を引て曰、鰤は老魚也と。然らば鰤と魚師と一物か。又本草引二山海経一曰、魚師食レ之殺レ人とあり。ぶりは微毒あれども人を殺さず。されども松前蝦夷《えぞ》のぶりは殺レ人と云。凡《およそ》ぶりは病人に不レ宜。」とあり、かつての自説をひっこめるがごとく、「出処未レ詳」と明記している。感動させられるではないか。七十歳から八十歳に至る間《かん》、ひとつところに停滞＝固定せず、つねに進歩を重ねていった博物学者益軒の偉大さに、いまさらのように敬服させられる。この老科学者の進歩ぶりは、ブリの《出世》を上廻《うわまわ》るめでたさであった。

鮭 *(Oncorhynchus keta)*

サケは、サケ科Salmonoidaeの魚である。広義のサケ類では、狭義のサケ科のほかにカワヒメマス科、アユ科、キュウリウオ科、シラウオ科、ニギス科などが包含される。これらに共通した形質として、小さな脂鰭《あぶらびれ》のあること、脊椎《せきつい》骨の側突起が椎体《ついたい》と癒合《ゆごう》していないこと、輸卵管がないこと、などがあげられる。この魚は、始新世《ししんせい》前期に出現して、現世に至っている。サケの類は大部分が北半球の温帯とその北とに分布していて、海水にも淡水にも棲む。わが国でふつうにサケ（シャケ）とよぶもの、すなわち、シベリアやカムチャツカのサケは、大西洋に生息するものとは属が異なる。

サケは、マスやアユやシラウオなどがそうであるように、川魚か海魚かを判定しかねるものである。サケとマスとの種別もなかなかむずかしく、個体変化も相当に広いらしく、往々にして異種間の雑種と思われるものも天然にあるので、はっきりした分類が困難である。わが国の場合でいえば、サケは北日本のものであるが、マスは南日本へも侵入している。サケは、初冬に溯河《そが》を開始し、あまり上流へは進まないで産卵する。マスは、晩秋にすでに溯河を始め、サケよりも上流に進んで産卵する。それがため、河口付近ではサケを賞味し、やや上流地方ではマスを賞味する。サケは、一生涯を川で過ごすことができないもので、川で孵化したものはいったん海へくだって成長する。しかし、マスは、ある時期には川で、他の時期には海で生活し、時によると海へ入り込むことさえもなく、川や湖や池だけで一生涯を暮らす。ヤマメなどは、明らかにマスの一種である。サケは、わが国では古来重要な食品とされたが、アメリカ西岸では'dog'（犬）と呼ばれ泥臭ありとして嫌われる。日本のサケは、太平洋岸では千葉県沿岸までを南限とし、日本海側では山口県の萩付近を南限としている。

先史時代の日本人がサケを漁獲して食べたであろうことは、容易に想像しうるところである。しかし、縄文式文化の遺跡には、残念ながら、あまりサケの骨が発見されていない。サケの骨質は堅牢でないために、遺跡に残骸をのこしても、保存されにくい。そこで、今まで、貝塚などでも滅多に出土の報ぜられることがなかった。しかし、発掘方法の進んだ現在では、東北地方や北海道の遺跡からもサケの脊椎骨や魚鱗片がしばしば採集されるに至った。太平洋岸では、岩手県の大船渡市付近の貝塚が、分布の南限を示している。日本海方面では、目下のところ、あまり発見されていない。

文献的には、『延喜式』（九二七完成）巻二十四主計上の「凡中男一人ノ輸作物」として「楚割ノ鮭二斤八両。内子鮭《こごもりのさけ》一隻。鮭二隻。小三。隻鹿ノ鮨。猪鮨。鮭ノ背腸《せわた》各一斤八両」と見え、「信濃国。行程。上二十一日。下十日。」の条に「鮭楚割《そわ》。氷頭《ひつ》。背《せ》腸《わた》。鮭ノ子」と見える。「越中国。行程。上十七日。下九日。海路二十七日」の条に「鮭ノ楚割。鮭ノ鮨。鮭ノ氷頭《ひつ》。鮭ノ背腸《せわた》。鮭ノ子」と見え、「越後国。行程。上三十四日。下十七日。海路三十六日」の条に「鮭ノ内子《こごもり》、幷ニ子。氷頭。背腸」と見える。王朝時代には、このように、信越地方の川にのぼったサケが捕獲せられて、宮中に運ばれて行ったことは確実である。

また、鎌倉幕府の事績を記した史書である『吾妻鑑』文治六年十月十三日の条に、遠江菊川の宿で、佐々木三郎盛綱が鮭の楚割（塩引き）を小刀で削食したところ、大変に美味だったので、さっそく折敷《おしき》にのせ小刀を添えて頼朝の宿へ送り届けたところ、頼朝はこの魚を賞味して、折敷にみずから「待ちえたる人の情もすはやりのわりなく見ゆる心ざしかな」としたためて返したという話が記載されている。史書とはいいながら、『吾妻鑑』には説話も多く含まれているので、これは乾鮭《からさけ》の起源説明説話と見てよかろう。中世になって漸くサケが庶民に行き亙るようになったことの証拠となるのではあるまいか。

わたくしたちの遠い祖先は、魚類の回帰性に関する知識など全く持ち合わせていなかったから、サケが一定の時期を決めて海から川へ遡って来ることに対しては、ただ不思議なもの神秘なものとして考えるほかなかったであろう。その原始心性から、魚類を崇拝し、やがて神に祭るまでに至ったことも、むしろ当然としなければならないであろう。中山太郎は、学友ネフスキーの証言だといって、北陸・山陰地方に多い気多《けた》神社の「ケタ」の語源的意義がロシヤ語（殊にシベリヤ地方の用語）の鮭に相当することを指摘し、わが国における鮭神信仰の分布を例証してみせる。たとえば『能州名跡志』の中には、同国（石川県）珠洲郡飯田町の辛鮭の宮の社伝に、この里の人が辛鮭を拾って氏神としたところ、その辛鮭が種々たる怪異をなし、ついには人を取り食らうので、行基菩薩これを退治し、大名持命を祭るようになったと見える。同じく鳳至郡別所谷村の川沿いにある神明宮の、毎年十一月十五日の祭礼には、その川の俎板石のところに必ず二尾の鮭が死んで流れ寄るが、この鮭を食うと悪病にかかると信じられている。『鳥城志』によると、陸奥国（青森県）南津軽郡黒石町に、慶長年間、花山院忠長が罪あって配流されていたが、ある日、汗石川の支流を越えて対岸に到らんとしたとき、たまたま鮭の魚《（ママ）》が群来したので、その上を渉って行ったところ、汗石川をのぼる鮭の背に二条の下駄の歯痕が残った。『丹波志』によると、丹波国（京都府）天田郡河合村の大原明神の社家秘説に、昔、この山を鮭の魚《（ママ）》数千年預り、大神遷座のとき、天児屋根命が宮地を巡視すると、水門の瀬の底から、金色の鮭が浮かび出ていうのに、「この水底に棲み、この山を守ること数千年なり。嶺に青和幣、白和幣ありて、毎時光を放つ、これ大神の鎮座すべき霊地なり。また、この地は、上津瀬と下津瀬と相合ふ所なので、河合と言ふ。また、この地に凶事があるときは淵に鱒が、不浄のあるときは鮭が浮かぶ」と告げたので、鮭は末社に飛龍峯明神として祭り、この村の氏子は、今に鮭と鱒とを禁食している。と、このように日本海沿岸および東北地方の鮭神祭祀の分布を十数例も列挙したあと、中山太郎は、「悉く気多と名のつく土地が、海若しくは川に沿うてゐると言ふ一事は、深く留意せねばならぬ点である。能登、因幡は、海に近く、遠江の気多郷は、山香郡の山多き所なるにも拘らず、気多川に沿うた部落である。飛驒は我が国無雙の樹海国、山岳国でありながら、不思議にも気多若宮は、古川（大昔には上北の原名は、蓋し気多ならんか）町に在り、その古川町は、流れより負へる地名に相違ないと信じられるから、これも川に沿うてゐる。此の外、越後も但馬も岩代も、両越の気多社も、咸な河川を擁してゐる地域に建置されてゐることが知られるのである。気多神――鮭神――海川、此の関係は、偶然として見過すには、余りに誂へ向きに出来てゐるでは無いか。」（『日本民俗学・神事篇』気多神考）と述べている。傾聴するに足る意見だと思う。

ちなみに、中山太郎が引いている鮭神信仰の例証の一つに「上総国市原郡市西村山倉の山倉神社（古くは第六天社と言ふ）から出す神符は、鮭を黒焼にしたものである」という記事が見える。ところが、この山倉神社の神事に関して、たまたま、戦後の見聞録が記されている。それは、末広恭雄『魚の春夏秋冬』に収められた「サケ祭」という随筆である。

十二月七日、師走の北風が森の木立にほえるように吹きすさんでいる――。その風の声をぬうようにして聞こえてくるのが幽玄たる笙《しょう》の音色である。ここ千葉県香取郡山倉村の山倉神社では、毎年一度の「鮭祭」というお祭りが、今年も今日おごそかにとり行なわれている。――

神殿には村のおもだった人達がつめかけているが、笙が吹きはじめられた頃から、水を打ったように静粛である。きちんと衣冠をととのえた神官が五、六尾のサケをのせた三宝を両手でささえて出てきた。そして静々と歩いて神前に至ると、それを恭々しくささげ、祝詞《のりと》をあげ祓潔《はらいきよ》めを行なって、儀式は終わった。

この「鮭祭」は日本でもきわめて珍しいお祭りであって、村の青年学校長をしておられる木内正規氏の話によると、この起源は古く、またこれには面白い言われがあるという。大略《たいりゃく》は斯《こ》うである。――

弘仁二年というから、古い古い昔のことである。その年の十一月、この山倉村に疫病が大いに流行して人々は相次いで斃れた。村民は非常にこれを憂えたが、良い治療法がなく、ただ神に祈り仏にすがるの他なかった。

ちょうどそのとき、計らずも当地に遍歴して来られたのが弘法大師であった。大師はこの疫病の話をきいて大変気の毒に思われ、山倉大神に一と月の願をかけられた。すると疫病はにわかに衰えて、満願の日には全くそのあとを絶ってしまったそうである。村民は大いによろこんで、神に何をささげ、大師に何を礼にさし出すべきかを思いわずらっていた。――と、そのときである。村を流れる栗山川に、水音も高く銀鱗のきらめくのを見たが、それは数尾の大サケであった。サケなどは毎年数えるほどしか上らぬこの川に、土地で「龍宮」と呼んでいる美しい縞をもった、サケが鰭をゆらし、尾をふりながら集まってきたのであるから村人のよろこびは一方でなく、早速これをとらえて神にささげ、また大師にも御馳走をしたという。それからというものは、この山倉村では毎年十二月の七日に、この「鮭祭」というお祭りをやって感謝の意をあらわしているのだそうで、現在もこれが続けられているそうだ。

末広恭雄は「利根川支流の栗山川などにはめったにサケが上って来ないのも道理である。それだけ珍しく、山倉村の人々がこの珍しいサケをとらえて大神にささげるのも、なるほどと頷くことができる」と、現代風の合理的解釈を加えたあとで、「産卵のため川をさかのぼるサケの様子は悲壮である――」「サケの産卵は雌雄協同の大業であると同時に、死の道行きでもあるわけである。なほこの際、雄が雌をいたわる様子はまことにいじらしい限りで、『北越雪譜』という古書にも、『女魚に従つて男魚ののぼるは、子の為に女魚を助くるならん。人の心にもにてあわれなれ……』とあるが、天国に結ぶサケの恋は美しくそして淋しい――」と詠歎している。

サケが普及した近世では、しぜん、鮭に関する名句も多くつくられるようになる。

雪の朝独り干《ほし》鮭《ざけ》を噛み得たり（『東日記』）　芭蕉

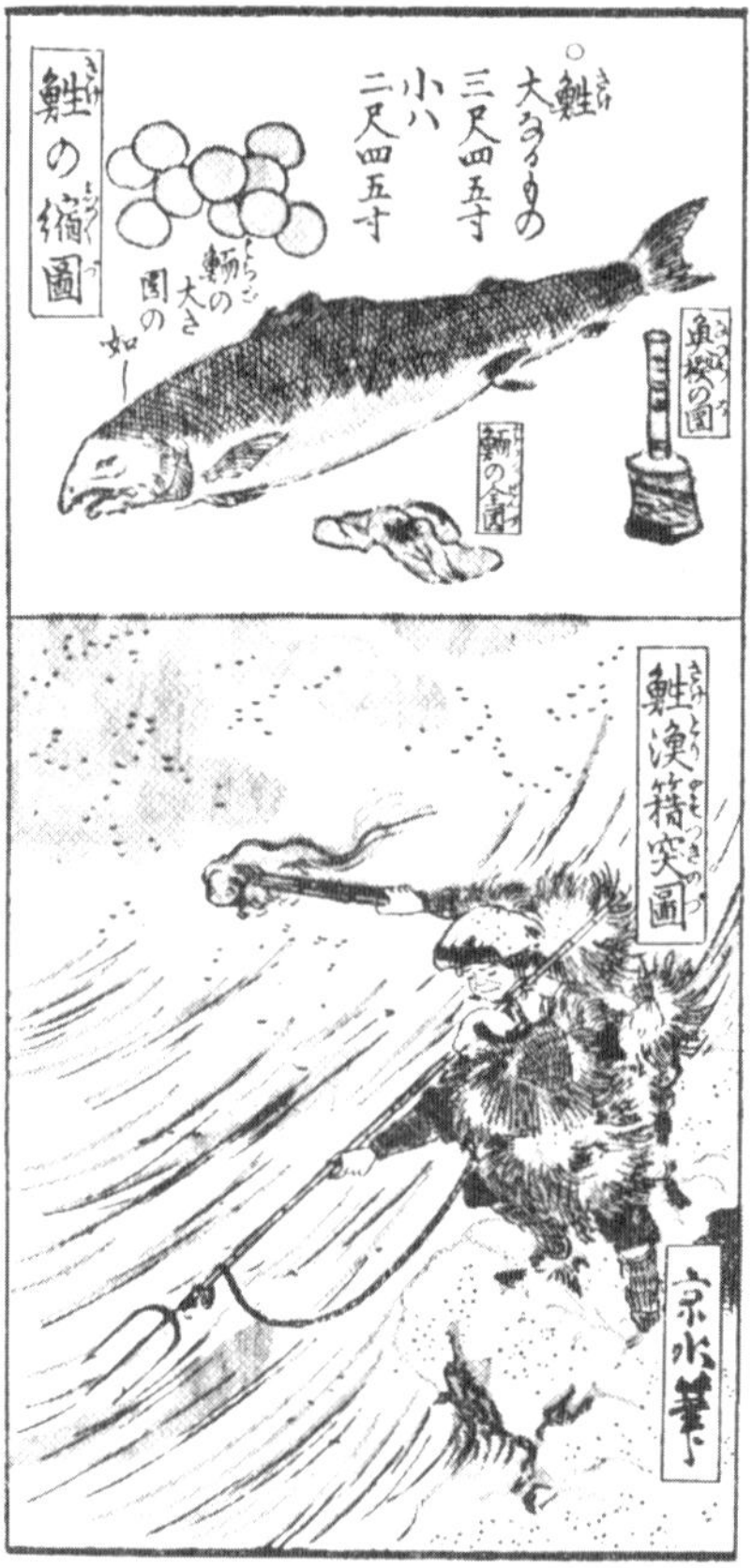

鈴木牧之『北越雪譜』（天保8～12年刊）より

投げられてはかなや鮭の死いらち（『柞原』）　北枝
鮭の来て水上黄ばむ高ねかな（『陸奥鵆』）　円木
からさけの片荷や小野の炭俵（『夜半叟句集』）　蕪村
手さぐりや乾鮭はづす壁の釘（『蔦本集』）　道彦
から鮭も敲けば鳴るぞなむあみだ（『七番日記』）　一茶

これらの俳句でもわかるとおり、京や江戸に送られたのはなま鮭ではなしに、塩引《しおびき》の鮭であった。塩引という言葉は平安時代から見えているが、塩物《しおもの》という言葉が流布するようになった元禄のころには、塩引といえばサケかアユをさすに至った。製法については、寛延年間に刊行された『料理山海郷』が「越後鮭塩引。生鮭、鰓《えら》・腸《わた》をぬき、鱗をそのまゝ置く。よく塩をして十日ばかり置き、塩行きわたりてのち、包にして風のすぎ候へ釣り置く。十五日か二十日過ぎて上塩をあらひ去り、さかさまに釣り置き、水気を去る。其後また包にして風のすぎ候ところへ釣り置く也。」と説明している。なお、サケの語源については、すでに新井白石が『東雅』の中で「東北夷地の方言か」と疑っている。今日のところ、金田一京助の提出しているアイヌ語 Spaki’he（夏食）が古く日本語に入ったとする説をもって、最も妥当なものとしたい。

鰻　*(Anguilla japonica)*

ウナギは、われわれの身近に見かけるために、とてもそうは思えないけれど、じつは、大変に不思議な魚である。

これだけ動物学研究が発達し、魚の博士たちがたくさん輩出しているというのに、ウナギの産卵場所を未だに突き止めることが出来ないのである。ウナギは産卵のために海にくだるので、「降海型」の魚と呼ばれる。この点、サケやマスが産卵のために川をさかのぼり、「遡河型」の魚と呼ばれるのと正反対である。しかるに、ウナギが海へくだって卵を産むその場所を、はっきりここだと突き止めることが、未だにできない。大西洋からヨーロッパの川へのぼるウナギに関しては、デンマークのＥ・Ｊ・シュミット博士（一八七七〜一九三三）が、その産卵場を西インド諸島沖の深海に発見しているが、日本のウナギに関しては、未だに臆測の域を出ていない実情にある。こんにちの学界の定説としては、琉球列島から小笠原諸島へかけての、だいたい北緯二〇度から二八度ぐらいの間の水域の、深海であろう、ということになっている。近年、松井魁《まついいさお》が発見したウナギのレプトケファルス期の子魚（全長五・五八センチメートル、体は左右に薄く、両顎に大きな歯が見える）を手がかりに、漸《ようや》く謎が解かれようとしている。なんにしても、これだけ人間に親しい魚の産卵場が未知のままであるとは、不思議極まることである。

日本のウナギは、北は、太平洋岸では金華山以南（まれには北海道にも棲む）、日本海側では秋田県以南、南は南中国、トンキン地方まで広く分布している。

さて、ウナギは、日本古代人たちによって、よほど古くから滋養食ないし活力剤と考えられていたらしい。現在でも、日本の中年層以上の男女は、ウナギを食うと精力がつくと、妙にかたくなに信じ込んでいる。日本古代の料理法は、もともとは中国料理（揚子江から南の地域のみ）から学んだものだろうが、同時に、スタミナ信仰も入ってきたものか。『捜神記《そうじんき》』（晋《しん》の干宝の撰）などに、怪力乱神のジェニーとして大鰻が登場するので、こいつを食うと、人間の身裡《みぬち》にも精気が漲ると考えられたものか。じっさいに、早く『万葉集』に「武奈岐《ムナギ》」として見えている。

痩せたる人を嗤咲《わら》へる歌二首

石麻呂《いはまろ》に吾物申《われものまを》す夏痩《なつやせ》に良《よし》といふ物ぞ鰻漁《むなぎと》り食《め》せ（巻第十六、三八五三）

痩す痩すも生けらばあらむをはたやはた鰻《むなぎ》を漁《と》ると河に流るな（同、三八五四）

右は、吉田連老《むらじおゆ》といふものあり。字を石麻呂《いはまろ》と曰《い》へり。いはゆる仁敬の子なり。その老、人となり身体甚《いた》く痩せたり。多く喫飲すれども形飢饉《うゑびと》に似たり。これに因りて大伴宿禰家持、いささかこの歌を作りて戯れ咲ふことを為せり。

吉田連老は、生まれつきの痩せっぽちで、「石麻呂」というニック・ネームを頂戴している男だが、食っても食っても肥《ふと》らない。そこで、大伴家持がたわむれて、夏痩せにはウナギが一番だと聞いているから、どうだ、川へ行ってウナギでも獲《と》って来たまえ、しかし、痩せっぽちは川に流されやすいから気を付けろよ、と歌ったのである。奈良時代に〈土用鰻《どようなぎ》〉式のスタミナ料理摂取法が一般化していたとは思われないが、脂膏の多い食品として珍重されたことは疑いのないところである。

ついでに述べると、吉田連老を痩せっぽちだと嗤咲《わら》った当《とう》の大伴家持が、紀の女郎《おみな》から、あなたは痩せっぽちですから茅花《つばな》でも食べて肥《ふと》りなさいまし、と揶揄《やゆ》されているのである。それなりに、解放的な時代ではある。

紀の女郎の、大伴宿禰家持に贈れる歌

戯奴《わけ》がため吾が手もすまに春の野に抜ける茅花《ちばな》ぞ食《を》して肥えませ（巻第八、一四六〇）

大伴家持の、贈り和ふる歌二首

わが君に戯奴《わけ》は恋ふらし給《たば》りたる茅花《ちばな》を喫《は》めどいや痩せに痩す（巻第八、一四六二）

さて、平安朝中期に成立したわが国最初の分類体百科事典である源順編『倭名類聚鈔』（九三一〜七）には、「鱣魚、文字集略云鱣音天和名無奈木黄魚鋭頭、口在二頸下一者也、本草云䱇魚上音善和名同上一名鰌䱇上音秋一名鯆魮甫毘二音、一名䱀䰲鴦軋二音、爾雅注云鱓似レ蛇今按鮮即䱇字也」と見える。しかるに、この『和名抄』を承《う》けて語源を説いた元禄十三年（一七〇〇）刊の貝原益軒著『日本釈名《にほんしやくみよう》』では「鰻驪《うなぎ》　万葉集大伴家持の歌に、むなぎとよめり。順和名抄も同。むと、うと音通ずる故に、うなぎとも云、むなぎは棟《むなぎ》也。其形まるく長くして、家の棟《むね》に似たり。」と説かれている。この『日本釈名』の謎語《なぞと》解き式語源学の批判の上に成りたつ享和二年（一八〇二）完成の新井白石著『東雅《とうが》』は、「さらば古にムナギといひ。即今ウナギといふものにはあらず」「ムナギといふ義不レ詳」として、断定を避けている。余談だが、越谷吾山の『物類称呼』（一七七五）によると、世俗に、丑寅《うしとら》の年の生まれの人は、一代の守り本尊が虚空蔵菩薩《こくうぞうぼさつ》なので、一生ウナギを食うことを禁じられていたという。このいわれは、ハトが八幡《はちまん》大菩薩の使者であり、サルが山《さん》王《のう》の使者であるように、カ（鹿）が春日《かすが》明神の使者であるのと同じように、ムナギの「ムナ」の音が虚空蔵の虚の字の訓の「むなし」に近いので、それで、口にするのを忌んだのだろうという。『物類称呼』は、江戸時代唯一の方言研究書であり、収録語彙の幅の広い点でも同時代随一のものであるが、何よりも「質素淳朴に応じてまことに古代の遺言をうしなは」ざる原義を把えた点に功績がある。もちろん、荻生徂徠によって開発せられた古文辞研究の学問態度からの影響もあった。ただし、ムナギ＝虚空蔵説にかぎっては多少あやしい部分を含む。

ウナギの料理法について簡単に触れておくと、平安時代にはこれを鮨《すし》に作った例があり、この調理は、近世の酢《す》味噌《みそ》ないし辛子酢《からしす》による食べ方となって継続されたと見てよい。しかし、なんといっても、ウナギの旨《うま》さは〈蒲焼〉に尽きる。蒲焼は、室町時代の末ごろから、近江の宇治川産のウナギを丸のまま炙《あぶ》ってから切り、酒と醤油とで味をとり、山椒味噌などを付けて出した「宇治丸」となって登場した。この上方料理が江戸に入り、やがて江戸風の味に作り替えられ、江戸時代中期には上野不忍池ノ端や深川八幡門前などに鰻屋の店が並ぶようになった。ただし、庶民にとっては、駕籠に乗るのと同じくらいに贅沢なものとされ、事実、値段も高かった。土用鰻の習慣が始まったのもこのころで、平賀源内（一七二八〜七九）が鰻屋に看板を頼まれ、「今日は丑」と書いたところ、それが大評判となり、これがいわゆる〈土用丑の日〉の風習の起こりとなったというが、もちろん、伝説でしかない。『明和志』に「近きころ、寒中丑の日に紅《べに》をはき、土用に入り、丑の日に鰻を食す。寒暑とも家ごとになす。安永・天明のころより始まる。」とある。近世落語にも、鰻屋やウナギがしばしば登場してくるようになる。貧しい庶民のためには、ウナギの代用としてアナゴ（海鰻と書かれた）の蒲焼が作られるようになった。

いわゆる江戸前（江戸前鰻）というものについては、笹川臨風の回想的要約がある。「秋から春にかけては、下くだり（銚子の川上）、古利根、沼（手賀沼）の産をよしとし、夏は江戸前（大川の下流から品川沖へかけての産）を佳味とする。上方にて腹から割くのとは違つて、背から一刀に割き、びんちようの炭の真紅に映え切つて、薄く霜のやうに灰がかゝるとき白焼《しらやき》にし、蒸にかけて、其店自慢のたれに再三浸して、団扇の音も高く焼き立てた味は格別のものである。昔は鰻を囲つてある縁の板を明けさせて、手頃の鰻を指示して焼かせたものであり、後には二両三両焼いてくれと金で仕切つたが、今では何人前と云ふやうになつた。大串、中あら、中串、小串、筏など人々の好みに依りて大小が違ふ。」（『日本食物史・下』、近世日本食物史序説）と。近代に入ってからは養殖鰻（明治十二年、深川で始められたのが最初である）が都会へ進出し、浜名湖を筆頭に各地に養殖池が出来たので、もはや「江戸前の鰻」というような特定の味わいは通用しなくなっている。

巻末小記

斎藤正二

このたび、茲《ここ》に、一本《いっぽん》の形躰を取って世に出る廻《めぐ》り合わせとなった『日本人と動物』は、本来ならば斯く単行本形式を与えられること無き運命下に在ったはずの原稿に対して、八坂書房社主ならびに同社編集部スタッフの不図《ふと》した〝気紛《きまぐ》れ〟ないし〝出来心《できごころ》〟が蠢動《しゅんどう》したお蔭で、あっという間《ま》に上梓《じょうし》の運びにまで到った、という経過《プロセス》を履《ふ》んでいる。復復《またまた》、当方ばかりが一方的に暢暢《のうのう》と恩恵に与《あずか》る役割を宛行《あてが》われたことになるが、ポトラッチ儀礼potlatch未実修の身は、債務過剰という現実を前に極《きま》り悪き思いをしている。衒《てら》って申すのではない。

裹《つつ》み隠《かく》さず打ち明けてしまうと、《日本人と動物》という論究主題からして、すでに、これは自己内奥に涵蓄貯蔵しつづけてきた謂わば自家薬籠中の学習科目《サブジェクト》でありますなんぞとは到底口《くち》にし得ない段階で、わたくしは厚《こう》顔《がん》にも当該論題に関するプログラム作成や史料蒐集を開始してしまっていた。そのわけは、一九六〇年代末から一九七〇年代初めにかけて、社会思想社の編集部長だった八坂さんが、継起的に嶄新なる新企画を発表し実現しつづけたあとに、其等《それら》イノヴェーションズに自《みずか》ら総括を付与すべく、壮大なる『日本を知る事典』の構想をうち樹《た》てられ、そのさい、構想のうちの「Ⅻ 日本人のこころ」の部《パート》をお前に任すから好き自由に章立《チャプター》てなり節《セクション》なり項目《アイテム》なりを組み立ててみてくれまいかとの呼び掛《コール・アウト》けに当方が欣喜して応じた、という経緯があったためである。当時「〜を知る事典」などという考え方は誰にも懐抱《かいほう》せられた験《ため》しは無かったし、また「日本人と何々《なになに》」「植物動物と何々《なになに》」というテーマも一九七〇年代以前に在りては未だ日常卑近の語彙・句節として使用された類例さえなかった。わたくしは与えられたテーマの新鮮さに驚き、発想法の独自性・分類思考法の希少性に感嘆した。結句、攻究題目（旧制大学院ではこれをどう決めるかが学力評価の全部であったのであるが）すらも八坂さんから頂戴したことになる。禅家で謂う公案に相当する秘儀伝授《イニティウム》である。まず、わたくしは、懸題《けんだい》（＝学科目）に対する期末報告書《リポート》の作成・提出に精出《せいだ》した。

いま、『日本を知る事典』の目次を検《けみ》するに、「Ⅰ　人の一生」「Ⅱ　家族と社会」「Ⅲ　職業」「Ⅳ　すまいと家具」「Ⅴ　きものと化粧」「Ⅵ　たべものと食習慣」「Ⅶ　生活の知恵」「Ⅷ　季節と年中行事」「Ⅸ　信仰」「Ⅹ　芸能と遊戯」「Ⅺ　ことばと表現」「Ⅻ　日本人のこころ」とある。さらに、最終の部《パート》を閲《けみ》するに、「A　自然のみかた／一　国民性と自然鑑賞／二　日本人のみた植物／三　日本人のみた動物」「B　人生のみかた／一　日本人の思考方法／二　日本人の伝統的人間観／三　日本人の道徳的心性／四　愛国心のあらわれかた」「C　美を求めるこころ／一　暮らしの美とは／二　生活美の歴史／三　機能美の環境」「D　日本の美／一　建築と庭園／二　彫刻／三　絵画／四　工芸」とみえる。斯くの如く《日本事物誌《シングズ・ジャパニーズ》》（姑《しばら》くチェンバレンの呼称に従うとする）のすべてを綱(class)、目(order)、科(family)、属(genus)、種(species)、変種(variety)の科学的分類に当て嵌めて記述した書物は嘗て無かった。究竟《きゅうきょう》、わたくしの担当した「三　日本人のみた動物」の記述も、一九七〇年代初めに於ける最良の《日本人論》ないし《日本イデオロギー批判》を目指《めざ》して書かれた（出来栄え《アチーヴメント》いかんはまた別の問題である）ということが判然としている。げんに、多少とも生硬《せいこう》であり且つ多少とも左翼青年的〝異議申し立て《コンテスタシオン》〟の口吻《こうふん》が散見するが、総監督の役柄《ロール》に在る八坂さんは終始〝微笑《みしょう》〟もて当方提出の報告書《リポート》をお受け取りくださった。若しも彼《か》の時《とき》、「日本人と動物」第一稿が書かれなかったとしたら、今回の第三稿（第二稿は『日本人と植物・動物』〈一九七五年九月、雪華社刊〉に収載された）が斯く単行本形態で上梓される機会に恵まれることも無かったであろう。再度、感謝を献げる所以である。

【著者紹介】

斎藤正二（さいとう・しょうじ）

1925年、東京都八王子生まれ。

1953年、東京大学文学部教育学科卒業。

数年の編集者生活ののち、東京大学旧制大学院に戻り、教育文化史・宗教人類学を攻究。東京電機大学理工学部教授を経て、現在、創価大学客員教授。教育学博士。

『「やまとだましい」の文化史』（講談社現代新書）『日本人とサクラ』（講談社）『日本的自然観の研究　上・下』（八坂書房）など著訳書多数。目下、上記主著を収めた『斎藤正二著作選集』（全7巻）を八坂書房より刊行中。

日本人と動物

2002年5月30日　初版第1刷発行

著　者　斎藤正二
発行者　八坂安守
印刷所　信毎書籍印刷(株)
製本所　田中製本印刷(株)

発行所　(株)八坂書房
〒101-0064　東京都千代田区猿楽町1-4-11
TEL.03-3293-7975　FAX.03-3293-7977
郵便振替口座　00150-8-33915

ISBN 4-89694-496-8